U0225558

ENTERTAINING CHEMISTRY 少儿彩绘版

趣味化学

漫游元素世界

〔俄罗斯〕亚历山大·叶夫根尼耶维奇·费尔斯曼◎著 张泽仙◎译

中国妇女出版社

作者简介

亚历山大·叶夫根尼耶维奇·费尔斯曼（1883～1945）

费尔斯曼是俄国著名地球化学家、矿物学家，现代地球化学的奠基人。他是一位才华横溢、知识渊博、思想敏锐的学者，也是一位出类拔萃的科普作家，被称为“石头的诗人”。西方科学家称其为“伟大的俄罗斯地质学家中最伟大的一位”。

费尔斯曼出生于圣彼得堡，儿时最大的爱好就是收集各种奇形怪状的石头，并珍藏起来。中学毕业后，他就读于莫斯科大学，师从杰出的矿物学家维尔那德斯基教授。他在大学期间发表了5篇关于结晶学、化学和矿物学的论文，并荣获矿物学会安齐波夫金质奖章。27岁时，费尔斯曼晋升为矿物学教授，2年后他开设一门科学史上从未有过的课程——地球化学。35岁时，费尔斯曼当选为科学院院士，并担任科学院博物馆馆长。期间，他主张重视自然资源，特别是矿产资源对国家发展的重要性，并亲自带领探险队进行科考活动，取得了巨大的成就。

费尔斯曼除了进行大量的科研实践活动，还是一位多产的科普作家，他一生共完成科普读物、专著、论文1500种。他于1934～1939年创作了《地球化学》（4卷），这部著作被称为地球化学发展的重要里程碑。除此之外，他还创作了科普作品《趣味地球化学》，这本书语言通俗易懂、妙趣横生，在深入浅出地向小读者介绍科学知识的同时，引导和鼓舞了无数少年儿童走上了探索科学之路。

目　录
CONTENTS

第三章　门捷列夫与元素周期表

第四章　化学元素在地球上的旅程

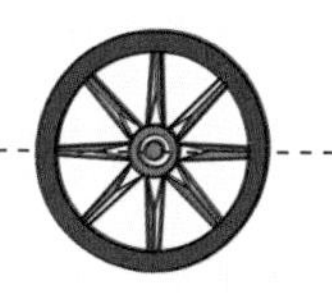

第一章

什么是地球化学

地球内部的化学变化

◆ 地球化学

地球化学是什么?

想要理解我们这本书里所讲的知识，需要先回答这个问题。看看“地球化学”这个名词，让我们把它拆分成“地球”与“化学”。

研究“地球”的科学其实就是“地质学”。地质学是一门研究变化的学科。它会告诉我们地球是怎么形成的，又是如何变化的，山川河流是怎么形成的，火山熔岩是怎么形成的，以及海底如何能使淤泥沙粒沉积。

哦，对，我们只说了一半，还有“化学”啊。化学是什么呢？让我们从熟悉的“地质学”里找找答案。

地质学里有一个很普遍的研究对象，它就是海水。海水是天然形成的混合物。它非常特别，是由不同数量的几种小球堆叠起来的，但不是乱堆，而是根据一定的规律堆叠的。

同样是这几种小球，哪怕在数量相同的情况下，仍然可以堆出不同的形状。所以同样是水，在自然界中它也有好多种模样，比如南极的冰川和早上的晨雾。

图1　火山熔岩。

◆ 元素与原子

在科学家们近200年的努力下，我们知道这种小球有118种，我们给它们起了个名字，叫元素。

在这118种化学元素里面，有能构成气体的氮、氢、氧元素，也有能构成金属的钠、镁、铝、锌、铁元素，还有构成非金属的碳、硅、磷等，它们构成了我们周围世界的基础。并且，这些元素按照一定的规律，可以排列成元素周期表。

元素周期表的每个格子里，都有一种元素——原子；每个格子依

图2　在太阳系中，行星围绕太阳转动。

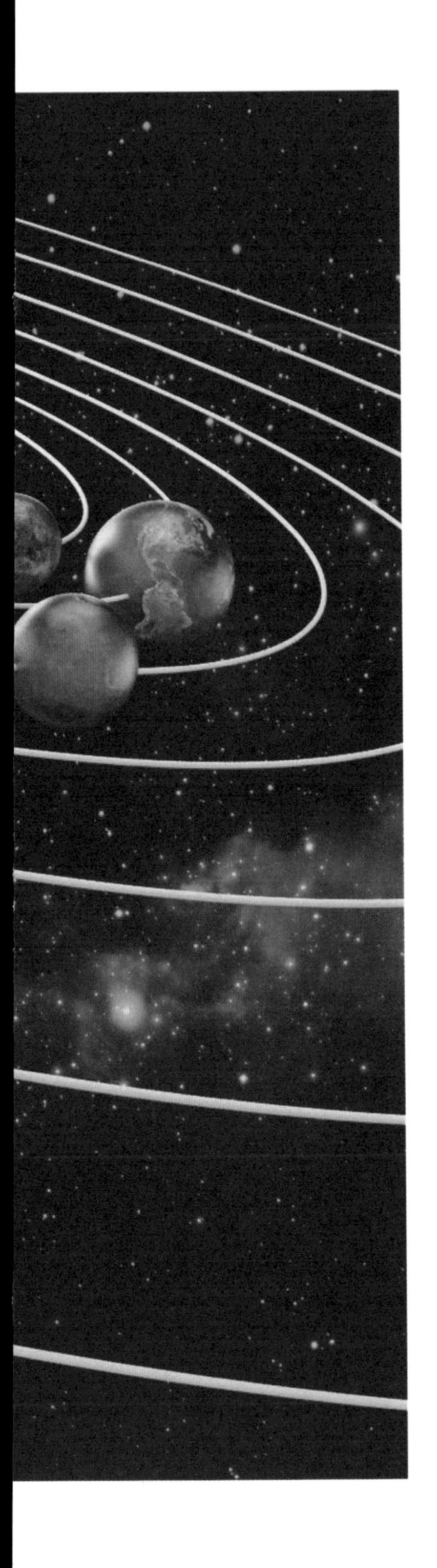

次有一个号码——原子序数。

比如第1号是氢，它是最轻的元素，第82号元素是铅，铅的原子量是氢的207倍。

原子是由位于中心的原子核与围绕原子核运动的一个或多个电子组成，电子是不断运动的，就像是多个行星围绕太阳旋转一样（图2）。

而氢原子例外，它像月球围绕地球，因为它只有一个电子。但是相比太阳与地球的巨大，原子非常小，它的半径只有千万分之一毫米。因为不同的原子有不同个数的电子，原子互相交换电子便化合成分子。

化学研究的基本对象就是周期表中的化学元素和它的原子。化学其实也是一项研究变化的学科，这个世界上单纯由一种元素组成的物质是非常少的，大多数是由多种元素组成的化合物。所以从最基本的原子出发，化学研究的便是怎样由单纯的原子合成复杂的化合物这样的变化过程。

好了，总结一下上文。地质学研究的是地球的变化，化学研究的是物质的化学变化，所以综合起来，地球化学研究的便是地球内部的化学变化。

化学元素和它的原子

所有的化学元素，作为独立的单位，在地壳里不断地移动、碰撞、结合。

在不同的环境下，比如地壳的深浅、温度的高低、压强的大小，元素根据哪些规律进行相互作用，这是现代地球化学所需要研究的。

有些元素（例如镧、钪）很难呈现聚集状态，以致其在岩石中含量非常少。这类元素被称为稀土元素。稀土元素一共有17种，它们的发现历经了150多年的艰苦历程。

由于提纯技术的限制，门捷列夫在1869年给出的第一版元素周期表中，就赫然在钙的后面留有一个原子量为45的空位。不过这个预言就像放在漂流瓶中的信笺一样，暂时被学术的汪洋大海静静湮没了。

19世纪晚期，瑞士科学家马利纳克从玫瑰红色的铒土中，通过局部分解硝酸盐的方式，得到了一种不同于

铒土的白色氧化物，他将这种氧化物命名为镱土，这就是第6种被发现的稀土元素。

当时马利纳克手头样品没多少了，就建议那些有充足铒土的科学家多制备一些镱土，以研究它的性质。

当时瑞典乌普萨拉大学的尼尔森手头正好有铒土的样品，他就想按照马利纳克的方法将铒土提纯，并精确测量铒和镱的原子质量（因为他这个时候正在专注于精确测量稀土元素的物理与化学常数，以期对元素周期律做出验证）。但是这时候奇怪的事情发生了，马利纳克给出的镱的原子量是172.5，而尼尔森得到的则只有167.46。

尼尔森敏锐地意识到这里面可能有什么轻质的元素鱼目混珠，才让这个原子量的测定不再准斤足两。于是他将得到的镱土又用相同的流程继续处理，最后测得的原子量只有134.75；同时光谱中还发现了一些新的吸收线。

尼尔森的判断是正确的，因此也就获得了给元素起名的权利。他用他的故乡斯堪的纳维亚半岛给这种新元素命名为Scandium，也就是钪。

与稀土元素形成巨大差异的是另外一些非常容易富集的元素，因此也就较早被发现，例如铁和铜。铜是人类最早使用的金属。

地球化学不仅着眼于地球内部乃至整个宇宙中化学元素的分布与迁移规律，还可以研究苏联的某些区域，例如高加索和乌拉尔。那些地方油田中的碳、氢、氧元素非常丰富。科学家们可以通过分析这些元素的迁移与分布，判断出哪些区域富含油气。

地球化学研究每一种元素，既要判断它们的动态，还需要了解元素

图3　抽油机正在开采石油。

的物理性质和化学性质。比如，它容易和哪种元素化合聚集，又容易与哪些元素分开。

由此可见，现代地球化学已从理论层面转向实际，而地球化学家成了勘探者，他们需要指出：

- 哪里可以找到煤与天然气？
- 怎样从岩石中提炼出镧？
- 怎样从地理环境和变迁历史中判断出哪些元素不可能存在于此？

……

这么看来，地球化学是与地质学和化学一起进步的。

地球化学的贡献

我不愿举出大量的例子使你们困惑，也不想把所有地球化学的知识一股脑儿全给你们。我只希望你们可以对这门新科学产生兴趣，希望你们了解了元素在整个世界的旅行后，能够真正地相信，地球化学真的很年轻，它有着非常广阔的前途。

现在，地球化学研究正在经历3个较大的转变。

- 由大陆转向海洋。
- 由地表、地壳转向地壳深部、地幔。
- 由地球转向宇宙。

地球化学的分析测试手段更为精确、快速。地球化学除继续为矿产资源、环境保护等作出贡献外，还将为全球气候变化、行星探测、深海观察等提供新的成果。

He
H
Ne
F
K
Ar
Cl
S
Ru
Kr
Bn
Se
Tn
B_6
C_3
Xe
J
Te
R_2
Rn
Po

第二章
原子世界

看不到的原子

◆ 缩小的实验室

——来，伸出你们的手，让我带你们去一个微观的世界。首先，我们先来到这个能放大、能缩小的实验室。

我们走进去，已经有人在等我们了。

“哦，博士，您好呀！”

“你们好，欢迎来这里，让我向你们介绍一下这个小屋。这个屋子是由特殊材料建成的，看看这个把手，只要我把它向右一转，我们就会缩小，一分钟后可以缩小到千分之一。那时候我们走出去，就会有一双能够媲美精细显微镜的眼睛。如果大家觉得还不够，再回到这个小屋，我还可以让大家再缩小1000倍。来，准备好，转！”

我们现在已经是“蚂蚁人”了……听到的都是一些沙沙、咔咔等非常嘈杂的声音，这是因为我们的耳朵已经失去了调节声波的功能。我们的眼睛可以看到青草里一个又一个细胞小房子。小房子里有许多不同形状的小颗粒，有长条状的、有圆圆的，那是细胞里的“家具”吗？哇呜，飘来一大滴血液，原来血液里有这么多细菌啊，那个圆饼状的是血红细胞、长杆状的是大肠杆菌……可是我们还是看不到分子啊。

脸颊被大风吹得有点儿痛，于是我们又回到了屋子里，看来大家还想再小一些，因为我们还没看到分子啊。接着转动把手。怎么这么黑啊，地震了吗？怎么会这么动荡？

等我们完全变小后，我们看到了小屋外面的场景。狂风呼啸，还有像子弹一样的东西不断轰击着我们的屋子，这些“子弹”速度非常快，都看不清它们的运动。这时，博士说话了：

“我们现在不能出去，因为我们只有正常身高的百万分之一，也就是只有1.5微米。哦，那位身高2米的篮球运动员先生，您现在是2微米。我们的头发有一亿分之一厘米，十亿分之一厘米就是一个‘埃’，是原子与分子的长度单位。外面那些‘子弹’其实就是空气中的气体分子。是的，先生，空气分子的直径是2～3个埃，而且空气分子的运动速度真的非常快。

“刚才我们走到屋子外面，感觉到风中有沙子吹打我们的脸，那是直径大的个别分子聚集体。但现在我们更小了，所以那些子弹对于我们来说就太危险了，这些‘子弹’就是空气中的气体分子，分子运动太快，我们无法看清它们。先生们，我们和小屋不能变得更小了，因为更小的我们将无法承受外面世界的攻击。所以，我们的缩小之旅到此结束。”

博士说完之后，将把手向左转了回去。

刚才的旅程虽然是我们的想象，却是根据科学研究理论得出的合理情景。我们在生活学习的过程中需要不断地和周围的物体接触：有像花草一样有生命的东西，也有像桌椅一般无生命的东西；有固体，有液体，当然也有气体。这些东西用学术化的词语描述就是物质。某种物质有什么样的构造，又会有什么样的物理性质、化学性质呢？

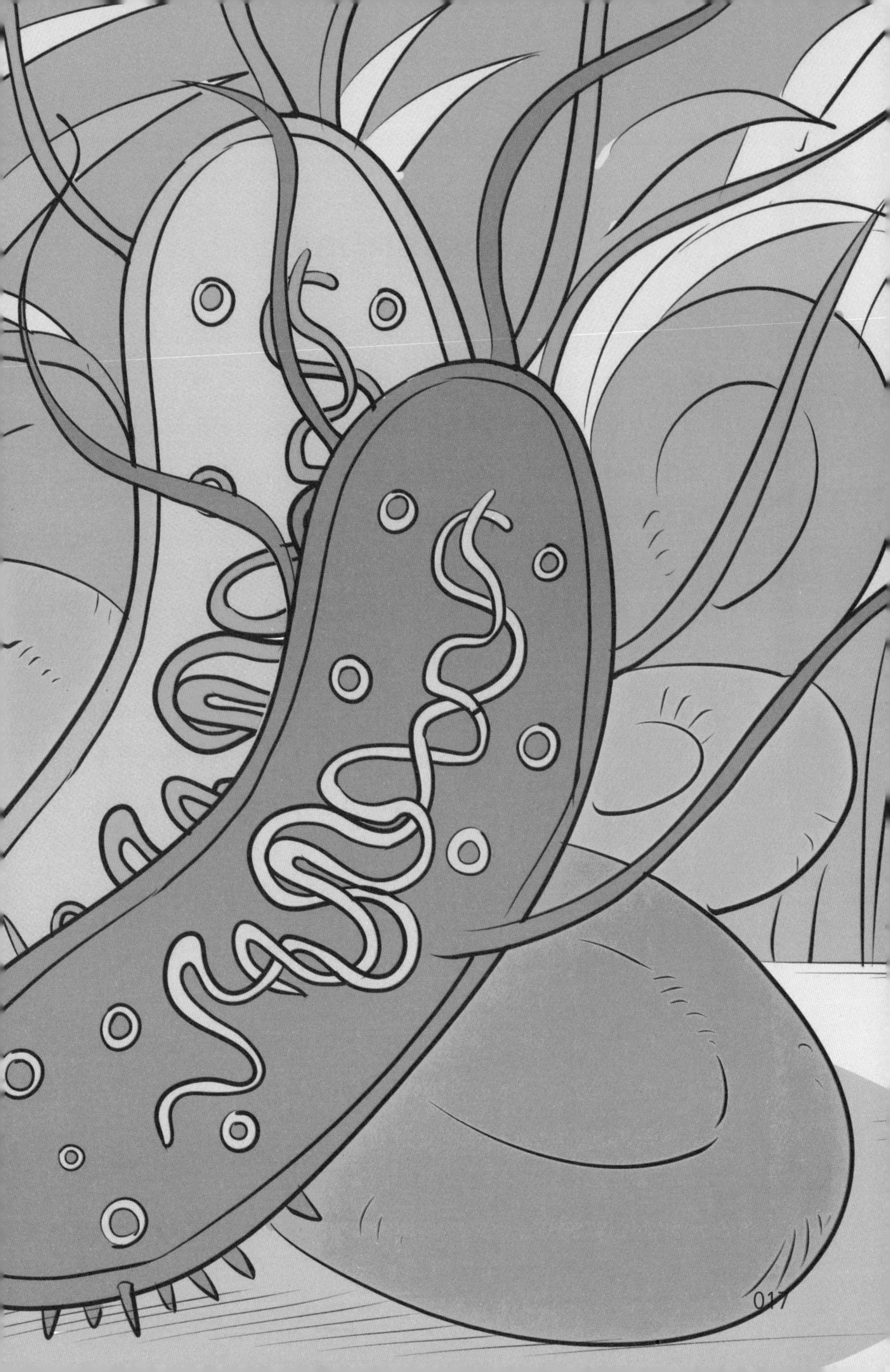

物质的结构与性质

在进行缩小旅程之前我们总觉得物质是一个整体，没有空隙，比如磁铁、水，还有空气。但是缩小后的我们却看到原来青草里有那么多的细胞，一滴血里有那么多各种各样的细菌，甚至空气中有那么剧烈的“子弹攻击”。

再举一些生活中的例子，比如说气球，在炎热的夏天，气球容易爆裂，而在冬天则不会。所以，我们应该得出一个结论：物质的内部有许多肉眼看不到的空隙。

为什么会有空隙呢？任何物质在被无限放大后，我们都可以看到它们是由颗粒组成的。这些小粒子有的叫作原子，有的则叫作分子。这是由物质性质决定的。而每个粒子都有自己的运动范围。粒子与粒子接近时会互相排斥，所以无法黏在一起。

我们将粒子连同它周围的运动范围看成一个弹性球。球的半径一般用埃做单位，每种元素都是大小不同的弹性球。比如，氢原子球半径是0.79埃，硫原子球半径是1.04埃。那么这些弹性球如何排列堆积组成物质呢？

如果我们把同种球随便放进一个盒子里，球便会胡乱滚开，所占的容积要大于整齐堆积的小球总体积。各种各样的堆积方法中，所占容积最小的方法叫作最紧堆聚法。具体做法是：

将一堆小珠子放在碟子里，轻轻敲打碟子。所有珠子会向碟子中心滚动，很快会排列成行。你会发现，球心之间的连线彼此成60°角。比如铜、金等金属原子便是这样的方法堆积成的。

如果是两种不同的球，比如食盐的主要成分氯化钠由氯元素和钠元素组成，氯离子弹性球要比钠离子弹性球大。排列方式是2个大球中间穿插1个小球，每个大球被6个小球包围，而每个小球也被6个大球包围（图4）。

所以，物质是由最小的粒子——原子通过一定的排列方式组合而成。

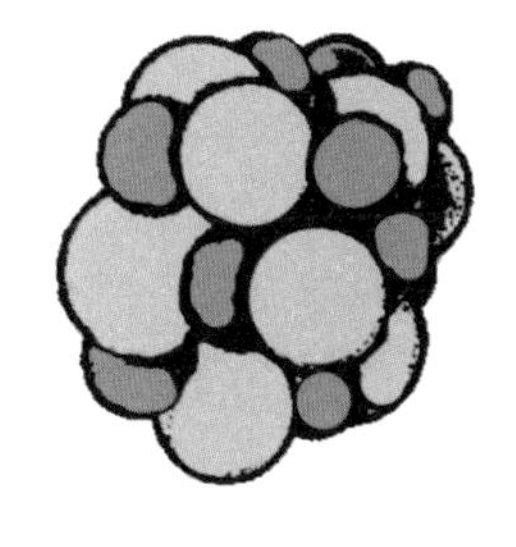
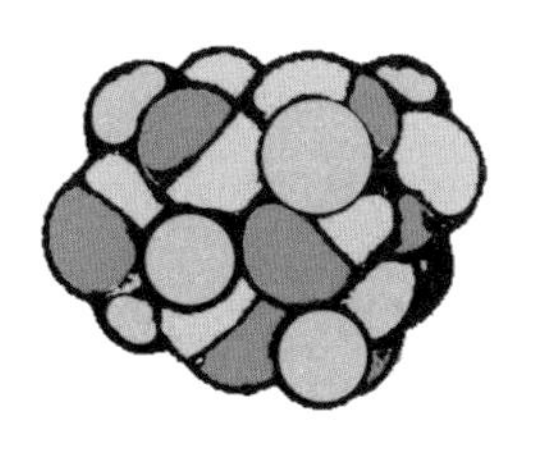

图4　左图为Nacl的结构模型，右图为FeS_2的结构模型。

元素的化学性质

“原子”这个概念早在公元前600至前400年间被留基波和德谟克利特提出（原子在希腊语中的原意是“不可分的”）。直到道尔顿提出了原子理论，他认为，物质世界的最小单位是原子，原子是单一的、独立的、不可被分割的，在化学变化中保持着稳定的状态，同类原子的属性也是一致的。

到目前为止，人类已知的元素有118种。同种或不同种元素的原子，两两或是多个互相结合可以生成绝大多数物质的分子（少数物质是由原子构成，比如稀有气体）。物质中原子和分子的数目是非常多的。例如，18克水中含有6.02×10^{23}个水分子。

起初人们认为原子是最小的粒子，不可再分。但随着进一步的研究，尤其是对元素放射现象的探讨，人们才明白原子本身是一个非常复杂的结构：

- 每个原子的中心都有一个原子核，原子核的直径大约是原子直径的十万分之一。
- 虽然原子核非常小，却占有原子的大部分质量。

● 原子核是由带正电荷的质子和不带电荷的中子组成的，不同原子的质子数不同。

● 原子核外是不断绕着核旋转的电子，电子带负电荷，电子的个数等于质子数，所以原子是呈电中性的。

对于元素来说，它的化学性质是由原子半径和最外层电子决定的。所以，即使是不同的原子，只要它们的最外层电子数一样，这些原子的化学性质也是相似的，比如氯、溴、碘。

图5是3种原子的结构模型，可以看出不同的原子，核外电子轨道不同。

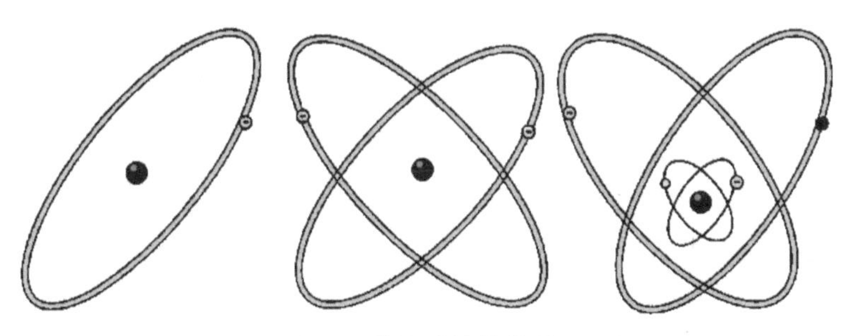

图5　3种原子结构模型。

◆ 原子的诞生和动态

地球看上去仿佛非常安静，其实它是“活”的。它的表面充满了生命活动，每一寸土壤里有千百万个细菌；地心深处奔腾着火热的熔岩；大海中的分子永远在移动，而且它们的振动路线既长又复杂；大气与地球也永远在交换原子，氦原子由地下深处发散出来，它的速度大到可以挣脱地心引力。

氧气分子可以从空气转入有机体，二氧化碳分子也可被植被分解参与碳循环。

向细微处看去，一块纯净的晶体很坚硬，也很安静，好像晶体里那些小格子是固定的，格子交点上的原子也一动不动。但是不要被假象骗到，原子不会那么“乖”的，它们在各自的平衡点上颤动，彼此之间交互着电子，那些电子顺着错综复杂的轨道运动着。总而言之，我们周围的一切都不是“死”的。

在很久以前的古希腊时期，有一位生活在小亚细亚岛的著名哲学家，他叫**赫拉克利特**。

他洞彻了宇宙，并且说过一句话。

他说：“一切都在流动（万物皆流）。”这句话被**赫尔岑**奉为人类史上最天才的至理名言。

赫拉克利特的这句话说明他是以永恒运动的思想看待整个世界的。人类便是以这种思想来度过历史上的各个时期的。卢克莱修根据这种思想创立了关于万物本质和世界历史的哲学原理。

科学家**罗蒙诺索夫**（图6）则是在此思想上构建了他的物理学，他认为自然界每个点都有三种运动形式：直线的、旋转的、摆动的。在

图6　画有罗蒙诺索夫的邮票。

科技飞速发展的今天，许多现象均证明了这个思想是正确的。

所以，我们也要学会用这种眼光看待周围的世界，探索物质的规律。

我们可以观察的宇宙范围是非常广大的，大到需要用千米来丈量。比如太阳和地球，它们之间的距离大约是1.496亿千米，哪怕是以光的速度跑，也需要500秒左右。

所以，科学家们提出了使用“光年”这个单位。我们所看到的星光很多都是经过了千百万年才到达地球。

第三章
门捷列夫
与元素周期表

门捷列夫的发现

在圣彼得堡（国立）大学实验室的一所老房子里，有一位名叫门捷列夫的青年教授。他正坐在书桌前埋头编写普通化学教程的教义（图7）。面对要讲授的多种元素和化学定律，门捷列夫陷入苦恼，究竟怎么讲呢？讲到金属钾、钠、锂、铁、锰和镍时，怎么能够串起来呢？他已经隐隐感觉到这些原子之间有一些还未被世人发觉的联系。

图7　正在思考的门捷列夫。

他拿出几张卡片，每张卡片上面都用笔大大地写出一种元素符号、原子量和典型的性质。之后他开始依照元素的性质对这些卡片进行整理分类（图8）。

慢慢地，这位年轻的教授看出了点儿什么。他将所有元素按照原子量递增的顺序排成一排，除了少数例外的元素，他发现一定数量之后会出现与第一个元素性质相似的元素。于是他又从这个元素开始将那些性质相似的元素排在第二排，第二排排了7个，接着排第三排，这样安排好了17个元素。每一列上的元素性质是相似的，可也有不完全相似的，所以不得不调整空出一些位置。他又接着往下排了17张卡片，再往下就比较复杂了，无法将元素归队。可是元素性质的规律性

ОПЫТЪ СИСТЕМЫ ЭЛЕМЕНТОВЪ.

ОСНОВАННОЙ НА ИХЪ АТОМНОМЪ ВѢСѢ И ХИМИЧЕСКОМЪ СХОДСТВѢ.

			Ti=50	Zr=90	?=180.
			V=51	Nb=94	Ta=182.
			Cr=52	Mo=96	W=186.
			Mn=55	Rh=104,4	Pt=197,4.
			Fe=56	Rn=104,4	Ir=198.
			Ni=Co=59	Pl=106,6	Os=199.
H=1			Cu=63,4	Ag=108	Hg=200.
	Be=9,4	Mg=24	Zn=65,2	Cd=112	
	B=11	Al=27,4	?=68	Ur=116	Au=197?
	C=12	Si=28	?=70	Sn=118	
	N=14	P=31	As=75	Sb=122	Bi=210?
	O=16	S=32	Se=79,4	Te=128?	
	F=19	Cl=35,5	Br=80	I=127	
Li=7	Na=23	K=39	Rb=85,4	Cs=133	Tl=204.
		Ca=40	Sr=87,6	Ba=137	Pb=207.
		?=45	Ce=92		
		?Er=56	La=94		
		?Yt=60	Di=95		
		?In=75,6	Th=118?		

Д. Менделѣевъ

图8　门捷列夫于1869年排成的元素周期表。

还是看得出来的。

门捷列夫把自己所知道的元素全部排进去了，排出一张特殊的表，表里除了某些元素外，其他均是按照原子量递增的顺序一个一个横排下去，而且性质相似的元素都上下对齐成一列。

就在1869年3月，门捷列夫将自己的发现写成了报告递交给圣彼得堡理化学会。他已经意识到这次发现的重要意义，便开始专注于修正自己的表格。不久之后，他明白表里确实要留出空位。

“将来在硅、硼、铝下面的空位里一定会有新元素。”不久后，他的预言就被证实了，这三个空位里放入了新发现的三种元素镓、锗、钪。

就这样，门捷列夫得出化学史上最了不起的发现。但是，你不要以为只是排排卡片那么简单，也不要以为门捷列夫不过是运气好。要知道那时候人们只发现了62种元素，而且原子量的测定有一部分还是错的，原子的性质也没有被研究透彻。

所以只有深入探索过每一种元素，掌握这个元素和那个元素相似的地方以及每种原子的“旅行路线”，才能取得这样的成就。

其实，当时也有另外几位科学家发现了元素性质的相似性。但是大部分的科学家觉得替元素找相似者这种想法很荒谬。

比如，有一位名叫纽兰兹的英国化学家，他想发表一篇文章，文章主题是某些元素的性质随原子量的增加重复出现，却被英国化学学会拒绝了。另外一位化学家还嘲笑他说，如果纽兰兹把所有元素按照它们的字母顺序排列，或许会得出更棒的结论。

哪怕是门捷列夫，在他提出自己的看法与老师讨论时，他的老师还批评他，说难道这些元素被他用这些卡片摆弄就能发现出什么规律吗？

门捷列夫的化学元素周期表

想要发现自然界的基本定律，证明每种元素都服从这样的定律，并且可依据这个定律推导出元素的性质，这不仅需要天才的直觉，还需要坚持不懈、永不言弃的精神。

这件事情门捷列夫做到了。他想出了自然界全部元素的相互关系，把元素有条不紊地整理了出来，发现了自然界的新定律——化学元素周期律。

门捷列夫研究元素周期律用了40年的工夫，在实验室里追寻化学的秘密至最深奥之处。后来，他进入度量衡检定局，用当时最精密的实验仪器研究测定金属的物理性质、化学性质，得到的结果更加证实了周期律的正确性。

他还到乌拉尔研究石油的起源，发现的结论也证实了周期律。门捷列夫去世前，把1869年排好的元素表一再修正，让后来的化学家们在他的周期表的指引下不断补充新元素，最终变成了我们现在所见到的元素周期表。

之后，科学家们发现门捷列夫元素周期表对于研究原子结构的规律性也是很好的指南。1913年，英国物理学家莫斯莱在研究元素光谱时，无意中发现元素表的另一个规律，那就是原子的核电荷数等于元素的原子序数，而且原子核外的电子个数也等于原子序数。那些电子被原子核吸引，顺着轨道旋转。比如，锂的原子序数是3，它的核电荷数是3，核外也有3个电子。

门捷列夫化学元素周期表（早期版本）

周期	系		I	II	III	IV	V	VI	VII	VIII			O
			— R_2O	— RO	— R_2O_3	RH_4 RO_2	RH_4 R_2O_5	RH_2 RO_3	RH R_2O_7	—		RO_4	— —
1	I	K	H 1 氢 1.0080 1										He 2 氦 4.003 2
2	II	L K	Li 3 锂 6.940 1 2	Be 4 铍 9.103 2 2	B 5 硼 10.82 3 2	C 6 碳 12.010 4 2	N 7 氮 14.008 5 2	O 8 氧 16.0000 6 2	F 9 氟 19.00 7 2				Ne 10 氖 20.183 8 2
3	III	M L K	Na 11 钠 22.997 1 8 2	Mg 12 镁 24.32 2 8 2	Al 13 铝 26.98 3 8 2	Si 14 硅 28.09 4 8 2	P 15 磷 30.975 5 8 2	S 16 硫 32.066 6 8 2	Cl 17 氯 35.457 7 8 2				Ar 18 氩 39.944 8 8 2
4	IV	N M L K	K 19 钾 39.100 1 8 8 2	Ca 20 钙 40.08 2 8 8 2	Sc 21 钪 44.96 2 9 8 2	Ti 22 钛 47.90 2 10 8 2	V 23 钒 50.95 2 11 8 2	Cr 24 铬 52.01 2 12 8 2	Mn 25 锰 54.93 2 13 8 2	Fe 26 铁 55.85 2 14 8 2	Co 27 钴 58.94 2 15 8 2	Ni 28 镍 58.69 2 16 8 2	
	V	N M L K	Cu 29 铜 63.54 1 18 8 2	Zn 30 锌 65.38 2 18 8 2	Ga 31 镓 69.72 3 18 8 2	Ge 32 锗 72.60 4 18 8 2	As 33 砷 74.91 5 18 8 2	Se 34 硒 78.96 6 18 8 2	Br 35 溴 79.916 7 18 8 2				Kr 36 氪 83.80 8 18 8 2
5	VI	O N M L K	Rb 37 铷 85.48 1 8 18 8 2	Sr 38 锶 87.63 2 8 18 8 2	Y 39 钇 88.92 2 9 18 8 2	Zr 40 锆 91.22 2 10 18 8 2	Nb 41 铌 92.91 2 11 18 8 2	Mo 42 钼 95.95 2 12 18 8 2	Tc 43 锝 (99) 2 13 18 8 2	Ru 44 钌 101.7 2 14 18 8 2	Rh 45 铑 102.91 2 15 18 8 2	Pd 46 钯 106.7 2 16 18 8 2	
	VII	O N M L K	Ag 47 银 107.880 1 18 18 8 2	Cd 48 镉 112.41 2 18 18 8 2	In 49 铟 114.76 3 18 18 8 2	Sn 50 锡 118.70 4 18 18 8 2	Sb 51 锑 121.76 5 18 18 8 2	Te 52 碲 127.61 6 18 18 8 2	I 53 碘 126.91 7 18 18 8 2				Xe 54 氙 131.3 8 18 18 8 2
6	VIII	P O N M L K	Cs 55 铯 132.91 1 8 18 18 8 2	Ba 56 钡 137.36 2 8 18 18 8 2	57~71 镧系	Hf 72 铪 178.6 2 10 32 18 8 2	Ta 73 钽 180.88 2 11 32 18 8 2	W 74 钨 183.92 2 12 32 18 8 2	Re 75 铼 186.31 2 13 32 18 8 2	Os 76 锇 190.2 2 14 32 18 8 2	Ir 77 铱 193.23 2 15 32 18 8 2	Pt 78 铂 195.23 2 16 32 18 8 2	
	IX	P O N M L K	Au 79 金 197.2 1 18 32 18 8 2	Hg 80 汞 200.61 2 18 32 18 8 2	Tl 81 铊 204.39 3 18 32 18 8 2	Pb 82 铅 209.21 4 18 32 18 8 2	Bi 83 铋 209.00 5 18 32 18 8 2	Po 84 钋 210.0 6 18 32 18 8 2	At 85 砹 (210) 7 18 32 18 8 2				Rn 86 氡 222.0 8 18 32 18 8 2
7	X	Q P O N M L K	Fr 87 钫 (223) 1 8 18 32 18 8 2	Ra 88 镭 226.05 2 8 18 32 18 8 2	89~100 锕系								

镧系元素	符号	原子序数	元素名称	原子量	电子层（P O N M L K）
	La	57	镧	138.92	2 9 18 18 8 2
	Ce	58	铈	140.13	2 9 19 18 8 2
	Pr	59	镨	140.92	2 9 20 18 8 2
	Nd	60	钕	144.27	2 9 21 18 8 2
	Pm	61	钷	(145)	2 9 22 18 8 2
	Sm	62	钐	150.43	2 9 23 18 8 2
	Eu	63	铕	152.0	2 9 24 18 8 2
	Gd	64	钆	156.9	2 9 25 18 8 2
	Tb	65	铽	159.2	2 9 26 18 8 2
	Dy	66	镝	162.46	2 9 27 18 8 2
	Ho	67	钬	164.94	2 9 28 18 8 2
	Er	68	铒	167.2	2 9 29 18 8 2
	Tm	69	铥	169.4	2 9 30 18 8 2
	Yb	70	镱	173.04	2 9 31 18 8 2
	Lu	71	镥	174.99	2 9 32 18 8 2

锕系元素	符号	原子序数	元素名称	原子量	电子层（Q P O N M L K）
	Ac	89	锕	227	2 9 18 32 18 8 2
	Th	90	钍	232.12	2 10 18 32 18 8 2
	Pa	91	镤	231	2 9 20 32 18 8 2
	U	92	铀	238.07	2 9 21 32 18 8 2
	Np	93	镎	(237)	2 8 23 32 18 8 2
	Pu	94	钚	(242)	2 8 24 32 18 8 2
	Am	95	镅	(243)	2 8 25 32 18 8 2
	Cm	96	锔	(243)	2 8 26 32 18 8 2
	Bk	97	锫	(245)	2 8 27 32 18 8 2
	Cf	98	锎	(246)	2 8 28 32 18 8 2
	An	99	锿	(247)	2 8 29 32 18 8 2
	Cn	100	镄	(248)	2 8 30 32 18 8 2

Fe（符号）	26（原子序数）	2
	铁（元素名称）	14
	55.85（原子量）	8
		2（电子层）

	电子层	
Ⅰ	电子层	—K
Ⅱ	—″—	—L
Ⅲ	—″—	—M
Ⅳ	—″—	—N
Ⅴ	—″—	—O
Ⅵ	—″—	—P
Ⅶ	—″—	—Q

Q P O N M L K

任意一个原子，它的全部电子都是按照一定的分布方式排布在原子核外的。离核最近的第一层K层上，除了氢是一个电子外，其他元素都排布了2个电子。第二层L层上，最多能排8个电子。第三层M层最多，是18个。第四层N层是32个。

最外层电子结构决定了原子的化学性质。如果最外层电子数是8，那么这个原子是非常稳定的。如果最外层是一两个电子，那么这个原子是非常容易失去这一两个电子的，失去之后，原子就变成了离子。比如，钠、钾、铷最外层是1个电子，它们就非常容易失去这个电子变成带正电的一价正离子。这时倒数第二层变成了最外层，这层有8个电子，所以离子很稳定，不会再起变化。

镁、钙、锶和其他碱土金属原子，最外层是两个电子。它们失去这两个电子后就变成了稳定的二价正离子。氟、氯、溴和其他卤素原子，最外层电子数是7，它们非常想再夺过来一个电子，这样最外层就补够了8个电子，变成一价负离子。

如果原子最外层是3、4或5个电子时，这些元素变成离子的趋势就不是很明显了。

原子核结构决定了这种元素的原子量和在自然界里的分布含量。而原子的核外电子数则决定了元素的化学性质和光谱情况。自从发现了这些规律，世界上的所有科学家都明白了门捷列夫的元素周期律是自然界最奥妙的规律之一。

今天的元素周期表

科学家们想出好多办法，打算让门捷列夫的元素周期表的特点更加清楚醒目。有的将表画成纵横的条带，有的画成了螺旋形，还有的将其画成了纵横交错的弧线。(图9)

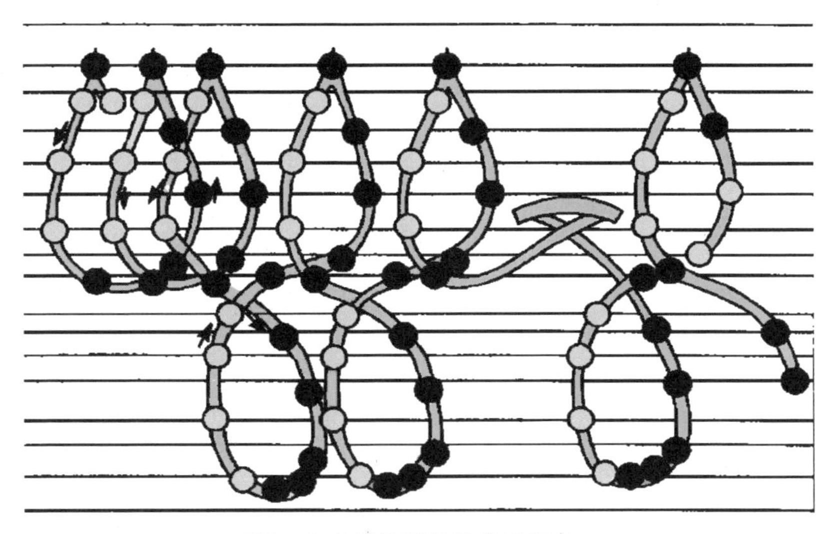

图9　由索第绘制的元素周期表。

发展到今天，终于有了固定形式的元素周期表。

我们现在来分析一下这张表。

首先，我们看到了许多方格。这些方格一共有7行18列。一行是一个周期，一列是一族（第8、9、10列属于一族），所以元素周期表有7周期16族。

第一周期只有2种元素：氢（H）和氦（He），第二周期和第三周期都是8种元素，第四周期和第五周期是18种元素，第六周期和第七周

今天的元素周期表

原子序数—1 H—元素符号
氢—元素中文名称

族→ ↓周期	1	2	3	4	5	6	7	8	9	10	11	12	13	14	15	16	17	18
1	1 H 氢																	2 He 氦
2	3 Li 锂	4 Be 铍											5 B 硼	6 C 碳	7 N 氮	8 O 氧	9 F 氟	10 Ne 氖
3	11 Na 钠	12 Mg 镁											13 Al 铝	14 Si 硅	15 P 磷	16 S 硫	17 Cl 氯	18 Ar 氩
4	19 K 钾	20 Ca 钙	21 Sc 钪	22 Ti 钛	23 V 钒	24 Cr 铬	25 Mn 锰	26 Fe 铁	27 Co 钴	28 Ni 镍	29 Cu 铜	30 Zn 锌	31 Ga 镓	32 Ge 锗	33 As 砷	34 Se 硒	35 Br 溴	36 Kr 氪
5	37 Rb 铷	38 Sr 锶	39 Y 钇	40 Zr 锆	41 Nb 铌	42 Mo 钼	43 Tc 锝	44 Ru 钌	45 Rh 铑	46 Pd 钯	47 Ag 银	48 Cd 镉	49 In 铟	50 Sn 锡	51 Sb 锑	52 Te 碲	53 I 碘	54 Xe 氙
6	55 Cs 铯	56 Ba 钡	镧系	72 Hf 铪	73 Ta 钽	74 W 钨	75 Re 铼	76 Os 锇	77 Ir 铱	78 Pt 铂	79 Au 金	80 Hg 汞	81 Tl 铊	82 Pb 铅	83 Bi 铋	84 Po 钋	85 At 砹	86 Rn 氡
7	87 Fr 钫	88 Ra 镭	锕系	104 Rf 𬬻	105 Db 𬭊	106 Sg 𬭳	107 Bh 𬭛	108 Hs 𬭶	109 Mt 鿏	110 Ds 𫟼	111 Rg 𬬭	112 Cn 鿔	113 Nh 鿭	114 Fl 𫓧	115 Mc 镆	116 Lv 𫟷	117 Ts 鿬	118 Og 鿫

镧系元素	57 La 镧	58 Ce 铈	59 Pr 镨	60 Nd 钕	61 Pm 钷	62 Sm 钐	63 Eu 铕	64 Gd 钆	65 Tb 铽	66 Dy 镝	67 Ho 钬	68 Er 铒	69 Tm 铥	70 Yb 镱	71 Lu 镥
锕系元素	89 Ac 锕	90 Th 钍	91 Pa 镤	92 U 铀	93 Np 镎	94 Pu 钚	95 Am 镅	96 Cm 锔	97 Bk 锫	98 Cf 锎	99 Es 锿	100 Fm 镄	101Md 钔	102 No 锘	103 Lr 铹

期是32种元素。

所以，表中一共118种元素，而且第57号和第89号方格中各包含了15种元素，第57号格内的15种元素叫作镧系元素，第89号格内的15种叫作锕系元素。

占据第一格的元素是氢，氢核的质子和中子是构成其他原子的基本材料，所以氢占据第一位是当之无愧的。

至于尾格元素，曾经被铀一直占据着，经过化学家们一代代的努力，现在已经补全。每个方格里都有数字，这些数字便是原子序数，就是各原子所带的电荷数。

这些元素中有4种元素发现的过程比较曲折，它们分别是第43号锝、第61号钷、第85号砹和第87号钫。

化学家们曾经分析了各种矿物和盐类，想在分光镜中看出新的光谱线，却都一无所获。杂志上也多次发表过文章说发现了这4种元素，但之后都证明是错的。

经过种种曲折，化学家们利用人工方法制取出了这些元素。比如，第43号元素的性质非常像锰，所以最初起名叫类锰，后来用合成方法制得，取名锝；第61号元素始终未在地球和其他星体上发现，是一种稀土元素，用合成方法获得后，起名钷；第85号元素在碘底下，性质与碘相似，但更加容易逸散，它的名字是砹；第87号元素在很长一段时间里都是谜一样的存在，它是由门捷列夫预言过的，起名叫类铯，后来这种元素被合成出来，名字改为钫。

◆ 同位素

刚刚说过每个方格只有一个数字，也只有一种元素。但物理学家却站出来说其实并没有那么简单。

例如第17格，应该只有一种氯气，氯原子有一个原子核，外面有17个电子绕其旋转。但物理学家却说有两种氯原子，一种较重，一种较轻。而且无论何时何地，两种氯都是以相同的比率混合，所以氯原子的相对原子质量总是35.45。

再说一个元素，第30号元素锌，物理学家说有6种。

可见虽然每个格子中只有一种化学元素，而这元素往往有好多种形式，也就是说有好几种“同位素”。

不用说，化学家对同位素的发现表现出了极大兴趣。为什么所有同位素都有严格的重量比例？化学家们费尽心思研究这个事实。他们分析了来自各处的盐：海水精制的食盐、湖里的盐、岩盐。从每种盐中制出氯气，没想到这些氯气的原子量完全相同。甚至是利用降落到地球上的陨石制出的氯气的原子量也始终未变。

但是，化学家们最后还是成功地把两种氯分开了。他们通过复杂的蒸馏得到两种气体：一种是轻的氯气，另一种是重的氯气。两种氯气的化学性质相同，但是原子量不同。

随后，人们发现氧原子有三种，原子量分别是16、17、18。氢原子也有三种，原子量分别是1、2、3。这三种氢，人们为其起名为氕、氘、氚（图10）。氘和普通氢气的化学性质一样，但它的重量是普通氢气的两倍。实验室中是用电流把水分解得到纯氘，用氘组成的水叫重水。重水可以杀死细胞，这是普通水没有的性质。

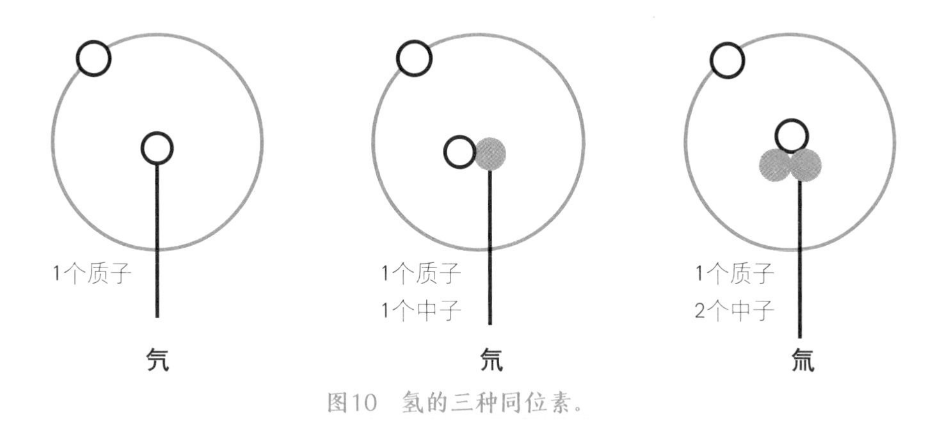

图10　氢的三种同位素。

在实验室里取得这样的成就后，化学家们把同样的问题放到自然界中进行研究。他们认为，既然可以在一个长颈瓶中把氢分开，那么在自然界里也一定可以做到。只不过自然界的化学反应并不是在一个稳定不变的条件下进行的，而是处于一个不断变化的环境中。就像熔融的岩浆有时在地底下，有时却冒出了地面，所以在自然界是不可能收集到像在实验室里那样大量纯粹的同位素的。

但是，确实可以研究出海水中的重水含量高于雨水和河水，而有些矿物所含的重水要多于海水。这些化合物之间的差别那么微小，只有用非常精密的实验和测试方法才能发现。

这么一看，同位素的发现让整个门捷列夫元素周期表变复杂了。但是，读者们，同位素并没有损害门捷列夫元素周期表的伟大，它们只是在极微小的细节上改变了周期表。本质上，这张表还是很简单、清楚地表现了自然界的面貌。

原子分裂——铀和镭

◆ 放射性元素

我们已经知道，物质的基础是原子，原子是“不可分的”。那么这种物质粒子到底是什么呢？真的“不可分”吗？原子在构造上就一定没有相同之处吗？

物理学和化学认为原子是不能再分的小球体，所以才能解释每种原子的性质。科学家们虽然猜测原子有复杂的结构，却没有深入研究过。

图11　居里夫妇在实验室中工作的场景。

直到1896年，法国著名的物理学家贝可勒尔发现了一种奇特的现象，那就是铀能够放射出一种从未见过的射线。不久之后，居里夫妇发现了新元素——镭，镭的放射情况要比铀的清楚许多（图11）。

从这时候起，人们意识到原子有着非常复杂的结构，在经过居里夫人、约里奥-居里夫妇（玛丽·居里夫人的女儿和女婿），以及其他科学工作者的努力，终于搞清楚了原子结构。我们不但知道了构成原子的是哪些粒子，而且了解了这些粒子的大小和重量，它们如何排列，还有是什么样的力量将它们结合起来。

之前说过，原子的直径虽然只有一亿分之一厘米那么小，但结构却像太阳系那般复杂。原子中心的原子核直径只有原子直径的十万分之一，但原子质量却几乎集中在这小小的核上。

原子核带正电，而且带正电的小粒子越多，原子越重。每种原子的小粒子数正好等于该原子的原子序数。

原子核外是电子，电子在离核距离不同的轨道上绕核旋转着。并且，电子个数也等于该原子的原子序数，所以整个原子是呈电中性的。

再说回原子核，原子核是由最简单的两种小粒子组成，一种就是带正电的小粒子，即质子；另一种是不带电的粒子，也就是中子（图12）。在原子核里，质子与中子结合得很紧密，所以原子核在化学反

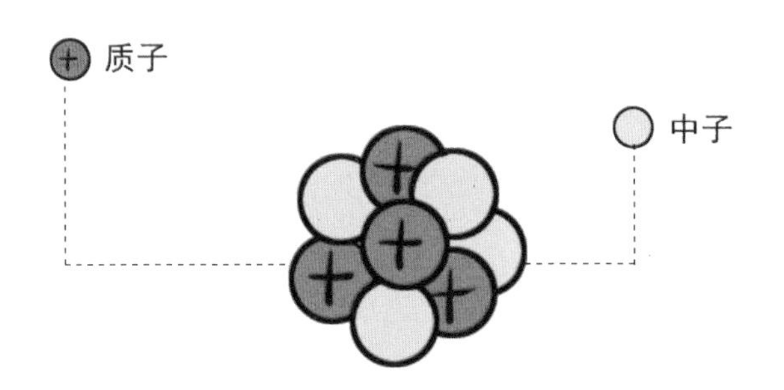

图12　原子核内的构成。

应中非常稳定，不发生变化。

打开元素周期表，从轻元素看向重元素，我们会发现：

- 轻元素的原子核中含有差不多个数的质子和中子，因为这些元素的原子量大约是原子序数的2倍。
- 重元素的中子数多于质子数，再往后，中子比质子多了许多，这时候原子核就变得不稳定了。

不稳定的元素原子核从第81号元素铊开始会自己分裂，放出大量能量的同时也变成了另一种元素的原子核。原子核不稳定的元素（从第84号元素钋开始）被称为放射性元素。

放射性是原子自我分裂的一种性质，原子放射后成为其他原子，同时以各种射线的形式放出能量，这样的射线有3种：

- 第一种射线是α射线，它是实质的粒子，每个粒子带2个正电荷，每个α粒子的重量是氢原子的4倍，由此可以看出，这种粒子其实是氦原子核。
- 第二种射线是β射线，它是一种高速飞射的电子流。
- 第三种射线叫γ射线，波长比X射线短。

◆ 镭盐放射衰变

我们把1克左右的镭盐放在小玻璃管中，并把管子两头熔化封口，然后开始观察镭盐放射衰变时的现象。

第一步：如果有可以精密测量温度的仪器，我们就可以看到这个盛镭盐的玻璃管的温度要高于周围环境。这说明在放射衰变，也就是原子核分裂的过程中，会有大量的能量放出。

实验证明，1克镭“衰变”1小时可以放出140卡的热，如果让它连续衰变到铅，这个过程差不多要2万年，放出的热大约是290万大卡，相当于半吨煤燃烧发出的热量。

第二步：将盛镭盐的玻璃管平放，用小抽气机抽出管里的气体，并将气体输进已准备好的一支已抽去空气的玻璃管中。

然后，把这支玻璃管也熔化封口，我们发现这支玻璃管在暗处也会和盛着镭盐的玻璃管一样发出浅绿色或浅蓝色的光。这便是次级放射现象，是由镭产生的另外一种放射性元素——氡引起的，氡也是一种稀有气体。

在40天内，玻璃管中的氡含量是不断增加的，之后保持不变。这是因为40天后氡的衰变速度等于产生它的速度。

氡的放射性可以用带电的验电器验证，方法是把盛着氡的玻璃管靠近验电器。

射线会把周围的空气变成离子，这样空气就成了导电体，验电器上的电性就失去了。如果每天都做上面的实验，日子一长，就可以看出，盛氡的玻璃管对于带电的验电器的作用越来越小。3.8天后，作用力失去一半（氡的半衰期是3.8天）；40天后，玻璃管对验电器一点儿作用都没有了。

如果人为地在这个玻璃管中制造放电现象，再用分光镜观察气体放电时的发光现象，就会发现另一种气体的光谱，这个新出现的气体便是氡。

第三步：把放镭盐的玻璃管保存多年后再将其取出，然后用灵敏的分析方法看内壁上有没有其他的元素，就会发现空玻璃管中有极少量的铅。1克镭1年的衰变结果是生成4×10^{-4}克的铅和172立方毫米的气体氡。

可见，镭的放射过程会接连生成新的放射性元素，一直到生成没有放射性的铅为止。其实镭本身也是由铀开始的一连串衰变当中的一个产物。放射性元素衰变过程中产生的一系列元素，叫作放射系。

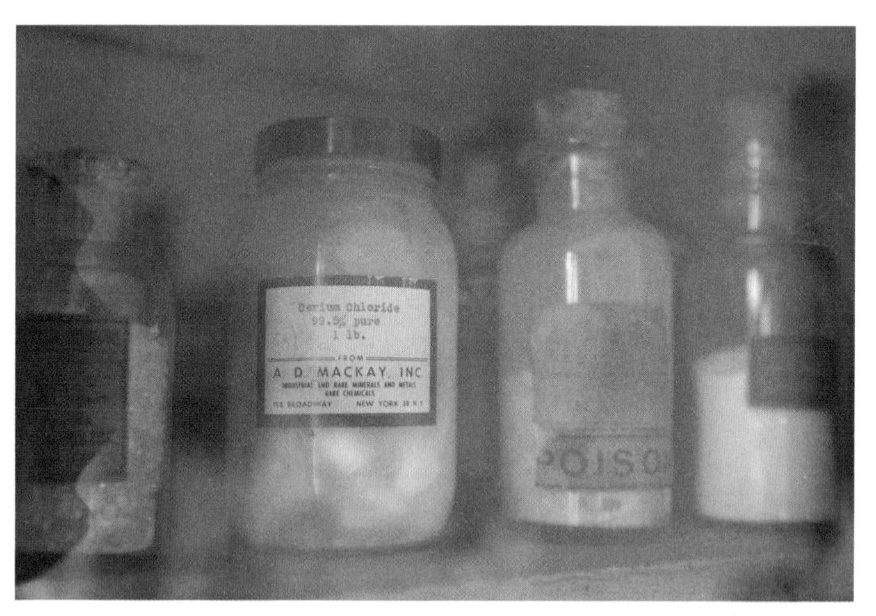

图13 居里夫人实验室里的镭。

4个放射系

现在有4个放射系，包括3个天然放射系和1个人工放射系。

第一个是铀—镭系，起始核是铀238，它共经过14次连续衰变，包括8次发射α粒子的衰变和6次发射β粒子的衰变，最后衰变为不带放射性的稳定核素铅206。居里夫妇所发现的镭及氡都是这个衰变链的中间产物，故也称为铀—镭系。

第二个是铀—锕系，衰变的起始核是铀的一种同位素铀235，共经过11次连续衰变，其中7次α衰变和4次β衰变，终核是稳定核素铅207。

第三个是钍系，起始核是钍232，共经过10次连续衰变，包括6次α衰变和4次β衰变，最后衰变成的终核是稳定核素铅208。

第四个是人工放射系镎系，起始核是钚241，此放射系共经过13次连续衰变，包括8次α衰变和5次β衰变，终核是稳定核素铋209。

◆ 放射性元素的衰变

放射性元素的所有原子核都是不稳定的，并且在一定时间内衰变的概率相同。所以，含有成千上万放射性原子的物质，衰变的速度是固定的。科学证明，不管是接近0℃的低温还是上千摄氏度的高温，不论是几千个大气压的压力还是高压放电，任何物理作用或是化学作用都不会对放射性元素的衰变造成影响。

放射性元素的蜕变速度一般用半衰期T来衡量，也就是全部放射性原子衰变所用的一半时间。很明显，这个时间对于各种不同的放射性元素来说都是不同的，但对于某种放射性原子来说却是一定的。

放射性元素的半衰期差异很大，最不稳定的原子核可能不到一秒钟就变了，但像铀和钍这类的元素却需要好几十亿年。在连续衰变的过程中，下一代的原子核和上一代一样也是不稳定的，也会放射，就这样衰变下去，最后便生成了稳定的原子核。

之前也提到过，放射性元素衰变时会放出大量的热。地球之所以发热，正是因为这巨大的热量。它们还同时放出了氦，飞艇和气球里充满的就是氦气。如果从地球的存在之日算起，氦气的数量足有好几亿立方米。衰变作用其实也是一只天然钟表，我们可以根据它算出地球从形成固体到现在有多少年了，还有各种岩石又生成了多久（图14）。

那么，怎样利用铀、钍和镭的衰变来测定地质年代呢？让我们来揭晓答案，原理是不论是物理作用还是化学作用，放射性元素的原子还是会以一定的速度衰变。还有，它们衰变后生成的氦原子和铅原子会随着衰变时间的延长越来越多。

我们已经知道1年里1克铀或1克钍产出的氦和铅的量，然后再测定

图14　利用放射性衰变这只天然钟表，可以推算地球存在的时间。

出某种矿物里所含铀、钍、氦和铅的量，根据氦对铀和钍、铅对铀和钍的数量比率，就能够算出这种矿物已经存在多少年了。

含有铀和钍原子的矿物就像一个沙漏，让我们来看看沙漏的构造。它是上下连通的两个容器，上面容器里盛着一定量的沙。开始计时时，将沙漏固定，这样沙就会在重力的作用下，慢慢地从上面的容器掉入下面的容器里。装入的沙子重量，正好可以让这些沙子经过10分钟或更长的时间完全掉入下面的容器。用沙漏可以测量任何时间间隔，因为沙子是依照固定的速度往下掉的，只要先称好沙子的总质量，再称下瓶中沙的质量，就可以知道从开始漏沙到现在已经过去了多长时间。科学家们根据类似沙漏的计时手法测量地球上存在的矿物，发现有些矿物差不多已有20亿年的历史。这样我们便能看出，我们的地球真的是一颗古老的星球，它的岁数不论怎样都比20亿年大很多啊！

最后，再为大家讲一个现象。不知道大家还记不记得我曾经讲过，从第84号元素起，除了有稳定的同位素，还有不稳定、有放射性的同位素。

在稳定的原子核中，质子与中子个数有一定比率，但如果比率受到破坏，原子核就会不稳定。如果核里中子数过多，原子就会有放射性。

◆ 放射性的威力

科学家们考虑到元素原子核的放射性，便想利用人类技术改变原子核里质子数与中子数的比率，这样就能把稳定的原子核变成人造放射性元素。

要做到这一点，需要一些特别的“炮弹”，它不能比原子核大，并且可以带着大量的能量去轰击原子核。

首先，科学家们想到可以将α粒子作为“炮弹”去破坏氮原子核，英国物理学家卢瑟福（图15）是第一个做成这个实验的人，他于1919年用α射线冲击氮原子核，观察到氮原子核里飞出了质子。

图15　英国物理学家卢瑟福。

15年后的1934年，法国青年科学家约里奥-居里夫妇利用由钋放射出的α粒子轰击铝，发现在α粒子的轰击下，铝不但放射出含有中子的射线，并且在停止轰击后，还可以在短时间内保持发出β射线。他们对此进行了化学分析，确定这时不是铝原子在进行放射，而是磷原子，磷原子是铝受到α粒子的作用后生成的。

就这样，人类制得了第一批人造放射性元素，打开了人工放射的大门。

不久后，科学家们决定使用另一种“炮弹”——中子。中子与α粒子相比更容易钻进原子核中，因为α粒子带正电，所以它一接近原子核，立刻会受到原子核的排斥。

而中子不带电，原子核不会排斥它，中子就能比较轻松地钻进原子核内部。科学家们利用中子轰击的方法已经制出了很多不稳定的人造放射性同位素。

1939年人们发现，当带有少量能量的中子轰击元素铀时，铀原子核发生了另一种方式的衰变（图16）。

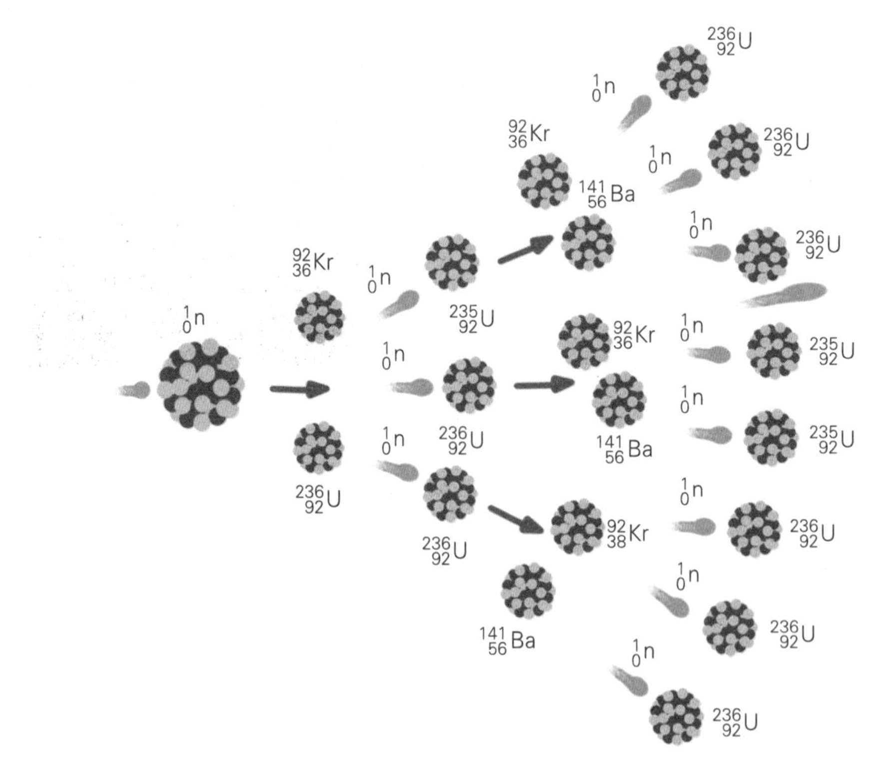

图16　铀235原子核链式反应图示。

这时候的铀原子核分裂成大小差不多的两块，这两块其实是元素周期表中部的两种元素的原子核，是它们不稳定的同位素，这叫对半分裂衰变。

一年后，青年物理学家彼得尔扎克和弗廖罗夫发现，在自然界中也有这种衰变，只不过这种衰变比较稀少罢了。

有多稀少呢？这么说吧，如果铀是按照普通方式衰变，半衰期是45×10^8年，但若是按照对半分裂的方式衰变，半衰期则是44×10^{15}年，所以第二种衰变方式的概率是普通衰变的千万分之一，但对半分裂衰变时放出的能量要远远多于普通衰变放出的能量。

1946年，科学证明铀按照新方式放射时，除了会生成不稳定的原子核外，也会生成某种稳定的原子核。

也就是说，铀在普通衰变时会生成氦原子，而在对半分裂衰变时则会生成氙原子或氪原子。

用中子轰击铀生成一系列新元素——超铀元素——镎、钚、镅、锔、锫、锎等，它们占据了元素周期表中第93号到第98号的位置。

最有趣的地方是人类可以调节对半分裂衰变的速度，如果大大加快这个过程，让1千克金属铀在一瞬间完全衰变，它放出的热量相当于2000吨煤燃烧产生的热量，是非常惊人的大爆炸（图17）。

爆炸之后的裂块会继续释放能量寻求平衡，直到它们变成比较稳定和缓慢衰变的金属原子为止。这其实就是原子弹为何会有如此大破坏力的原因。

图17　铀的衰变装置。

◆ 奥本海默的故事

原子能的时代不可避免地到来了，虽然发展到今天，我们人类拥有了威力空前的武器。但是我不想多歌颂它，不想宣扬我们人类是多么伟大，我只想给大家分享一下“美国原子弹之父”——奥本海默的故事。

1939年9月，第二次世界大战在欧洲爆发，纳粹德国在科学家海森堡（图18）的主持下进行原子弹的研究。美国罗斯福总统下达总动员令，开始了最高机密的“曼哈顿计划”，目标是赶在纳粹德国之前制造出原子弹。该计划的主持人是雷斯理·格劳维斯少将，格劳维斯选定奥本海默为发展原子弹计划主任。众多科学家，包括以和平主义者著称的爱因斯坦在其中起到了推动作用。他们这样做的原因主要是，由于纳粹德国对这种武器的加紧研制严重威胁着整个人类文明，以及奥本海默曾提及的其他原因，如为了早日结束战争、对原子科学技术应用的好奇和冒险意识等。

图18　德国科学家海森堡。

然而，要把原子核裂变所提供的理论上的可能性，真正变成军事上可靠、易行的原子武器，其间所需克服的理论、方法、材料，以及技术工艺上的种种难题，无疑是对人类才智的极大挑战。

1942年8月，奥本海默被任命为研制原子弹的“曼哈顿计划”的实验室主任，在新墨西哥州沙漠建立洛斯阿拉莫斯实验室。3年后，

图19　广岛和平纪念公园原爆遗址。

洛斯阿拉莫斯实验室成功地制造了第一批原子弹，随后在阿拉摩高德沙漠上空引爆，并发出耀目闪光，冒起巨型蘑菇状云。

1945年8月6日美国空军朝日本广岛投下了第一枚原子弹（图19）。

奥本海默领导着整个团队创造了这场杜鲁门所盛赞的“一项历史上前所未有的大规模有组织的科学奇迹”，从而不仅验证了科学技术的巨大威力，为尽早结束战争作出了贡献，也为自己赢得了崇高的声誉，成了举国上下的英雄。他被人们誉为“原子弹之父”。但是，面对这至高无上的荣誉，他却说：“我感觉我的双手沾满了鲜血。”

奥本海默担任了原子能委员会主席后，他怀着对原子弹危害的深刻认识和内疚，怀着对美苏之间即将展开核军备竞赛的预见和担忧，怀着坚持人类基本价值的良知和对未来负责的社会责任感，同爱因斯坦满腔热情地致力于通过联合国来实行原子能的国际控制和和平利用，主张与包括苏联在内的各大国交流核科学情报达到核弹知识技术透明化，并反对美国率先制造氢弹。现在，国与国之间之所以没有出现过于强盛的大国霸权，奥本海默居功至伟。

奥本海默一生中所追求的是什么呢？他曾经在一次演讲中这么说：“在工作和生活中，我们应互相扶持并帮助所有人……我们应该保持美好的感情和创造美好感情的能力，并在那遥远的不可理解的陌生地方找到这个美好的感情。”

第四章
化学元素在
地球上的旅程

碳——生命的基础

◆ 碳的分布

朋友们，你们没有谁不知道昂贵的金刚石、灰色石墨和黑色煤炭吧？这3种东西虽然看上去一点儿都不像，却是由同一种化学元素——碳构成的。碳虽然占地壳总重量的不到1%，但它在整个地球上起着重要的作用，可以说没有碳便没有生命。

碳在地壳中的总含量约为45842000亿吨。下表是各部分地壳中碳的分布量：

在活的物质里	7000亿吨
在土壤里	4000亿吨
在泥炭里	1200亿吨
在褐煤里	21000亿吨
在烟煤里	32000亿吨
在无烟煤里	6000亿吨
在沉积岩里	45760000亿吨

除此之外，大气中还有约22000亿吨碳，海洋中有约1840000亿吨碳。

◆ 碳的历史

有生命的物质都含碳，让我们来认识一下碳的历史吧。

先从碳在地壳中的经历说起。以之前的研究来看，碳开始时存在于熔化的岩浆中。这种岩浆在地底和岩脉中凝成各种岩石（图20），在这些岩石中碳有时候聚集成片状或球状石墨，有时会生成昂贵的金刚石。但大部分碳在凝固过程中跑掉了，有的以碳化物或烃类的形式从岩脉中升上来，有的与氧化合成二氧化碳升到空中。

图20　含有碳的岩石。

我们知道，地下深处的硅酸是不能将二氧化碳变成碳酸盐的，因为在我们已知的各种火成岩中，没有任何一种重要矿物含有二氧化碳。火成岩只能把二氧化碳困在岩石空隙中。留在空隙中的二氧化碳含量很多，是大气含量的5～6倍。不仅是活火山地区，甚至是早已熄灭的死火山地区，地下也常有二氧化碳喷出地面，或是与水混合变成碳酸矿泉。这种矿泉可以用来治病，所以常常有疗养院或水疗院开设在矿泉附近，比如高加索。二氧化碳在这种水中是过饱和的，所以经常有二氧化碳气泡冒出来，让人看了以为是水在沸腾。

还有一种情况是地底压力太大，二氧化碳气流喷出速度很快，以至于气流会在喷口四周生成云雾般的固态二氧化碳。这种固态二氧化碳也叫干冰（图21），可以用于工业生产。

图21　干冰。

地质史上存在这样的时代，那时候火山运动剧烈，大量二氧化碳被喷出。哪怕现在，活火山爆发依然会喷出大量二氧化碳，比如维苏威火山、埃特纳火山、阿拉斯加的卡特迈火山等。二氧化碳被喷出后参与了许多化学变化，比如可以腐蚀金属，可以与钙和镁化合生成石灰岩和白云岩，可以进入江河湖海，参与构建生物外壳，珊瑚虫（图22）的躯体成分就是碳酸盐。我们不可能把二氧化碳参与的所有变化都讲出来，那就太繁杂了。我只能说，碳不但可以影响地面上的气候，还对整个生物界的进化过程有着举足轻重的影响。

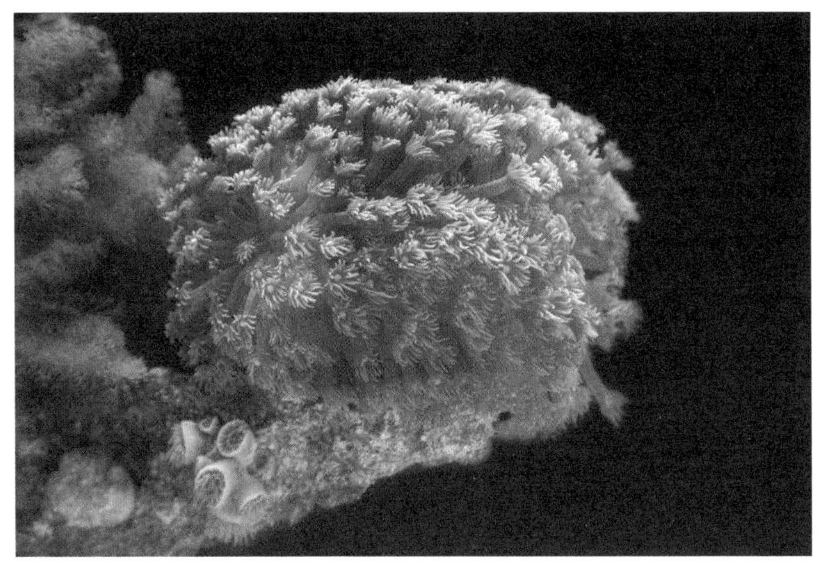

图22　珊瑚虫。

◆ 碳与生命体

试想一下，如果地球上没有碳会变成怎样的景象。没有树木，没有绿叶，甚至苔藓也没有。植物没有了，当然动物也不会存在。地球只剩下岩石，那些光秃秃的峭壁、无言的石头矗立在沙漠和荒地上。

地球上只有黄色和黑色，再也看不到其他的色彩。大气中的二氧化碳可以帮助吸收太阳能，所以没有了碳，地球温度就会降低。总而言之，地球将是一个寂静、荒凉、寒冷的世界。

碳的化学性质很特别，只有它可以与氧、氢、氮和其他元素生成无限多的化合物。狭义上，碳元素和氢元素生成的这类化合物被称为有机化合物。而这些有机化合物又可以生成大量复杂的蛋白质、脂肪、糖类、维生素等生物体细胞与组织需要的物质。

其实，人类是先从动物体、植物体组织中析出了糖和淀粉一类的物质才认识到有机化合物的，后来人们也探索出制得这些有机物的方法。研究有机化合物的组成、结构、性质、制备方法与应用的科学被称为有机化学。已知的有机化合物近几千万种，而无机化合物目前只发现了数十万种。这么一比较，很容易看出有机化合物远远多于无机化合物。

由于碳能够形成这么多的化合物，结果就出现了各式各样数目庞大的动植物种类。然而，这并不是说碳就是有机生命体的主要成分。其实碳只占活体物质质量的10%左右，大部分质量是由水贡献的，水占了大约80%。

碳参与构建了生命体，既然生命体可以摄取养料、发育和繁殖，那么说明碳也参与了这些生命活动。比如，春天池塘水面上会长出一层绿色的水藻，到夏天时水藻会更加茂盛，然而到了秋天，这些水藻就会变成暗黄色沉在水底，成为淤泥。这其中含碳的有机物也随之经历了生长与衰老死亡（图23）。

图23　春天，池塘水面上长出绿色的水藻；秋天，水藻变成暗黄色沉入水底。

还有最日常的活动——动植物的呼吸也有碳的身影。大家都知道，呼吸时吸进去的是氧气，呼出来的便是二氧化碳。那么能呼出多少二氧化碳呢？人的肺泡总面积有大约100平方米，平均每昼夜可以呼出1.3千克二氧化碳。综合一下全世界的人口数（以当前世界人口数为准，约70亿），那么每年人类呼到大气中的二氧化碳便有33.215亿吨。

除了生物呼吸产生的二氧化碳，地底下还有大量的与金属化合的二氧化碳，也就是那些石灰岩、白垩岩、大理岩等矿物，这些岩层厚达几百米甚至几千米。如果我们把岩石中的碳酸镁和碳酸钙分解掉，那么释放出来的二氧化碳就会上升到空气中，使二氧化碳的含量比当前的含量多2.5万倍。

光合作用

植物不仅会呼出二氧化碳，还会吸收二氧化碳。它对二氧化碳的吸收是二氧化碳进入生命循环的第一步。只有绿色植物和某些细菌，可以在光的照射下捕捉到二氧化碳，然后在细胞中完成一系列反应生成糖类，放出氧气，这个作用被称为光合作用（图24）。绿色植物能够捕捉到二氧化碳，是因为它的细胞内含有一种叫作叶绿素的物质。

早在1771年就有科学家发现植物可以更新空气，拉开了研究光合作用的帷幕。直到20世纪30年代美国科学家鲁宾和卡门利用同位素标记法搞清楚了光合作用的整个历程。因为有光合作用，所以世界上的二氧化碳不会越来越多。

植物会不断地把空气中的二氧化碳带走，而所有生物又不断产生二氧化碳，所以整个自然界的二氧化碳可以维持在一个动态平衡的状态。

光合作用产生的糖类物质，保证了植物的生长发育。然后，动物会以植物为食，所以糖类物质又转化到动物身上。

再考虑到石油和煤其实也是由腐烂的生物体得来的，那就能清楚地看到植物吸收二氧化碳的光合作用过程对整个生物圈乃至地球是多么重要了。

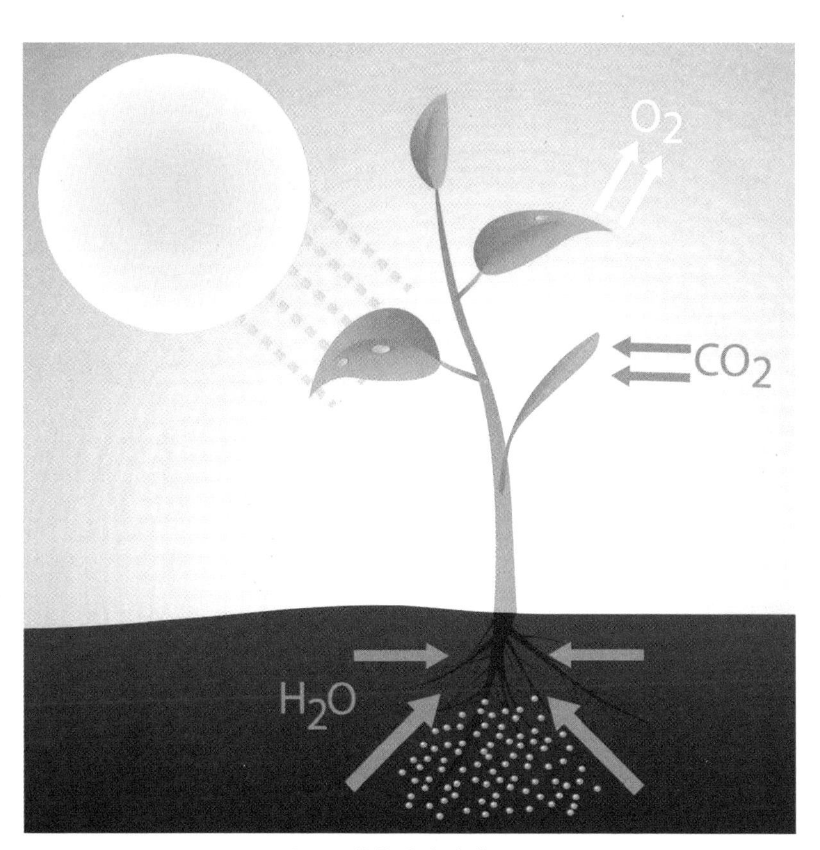

图24 植物的光合作用。

◆ 碳的应用

再来接着说生物衰老死亡后碳的旅程。生物的生命结束后，生物体组织慢慢地沉积在池塘、湖沼和海洋的底部，它们在水的作用下逐渐发酵腐烂，微生物会分解那些有机物，然后沉积成木炭。如果残余生物体埋在厚重的黏土下，黏土中的微生物也会将其分解，只是比在水中慢一些罢了。

这些在黏土或海洋中的生物体，在热和压力的作用下，经过复杂的化学变化，会逐渐变成煤或石油。

由植物机体变成的煤有3种，分别是无烟煤、烟煤和褐煤。无烟煤中含碳量最多，通过显微镜观察，可以看到这些煤是成层的，并且层与层之间还能看到有叶子、孢子和种子的痕迹。每一块煤其实就是二氧化碳里的碳，而二氧化碳最初是由植物在光能和叶绿素的作用下吸收到细胞中的。

简而言之，煤其实就是“被捕捉到的太阳光线”。

所以燃烧煤可以得到热能，带动机器，促进现代工业的发展。植物体主要是变成煤，而另一些简单的植物体和孢子则变成了液态的燃料——石油。

当然，石油也是“被捕捉到的太阳光线”，但是它比煤更有价值。船只、飞机和汽车都要用汽油做燃料。而汽油是由石油分馏及重质馏分发生裂化制得的。

为了找到石油，人们需要钻凿几千米深的油井，而从地底油井中

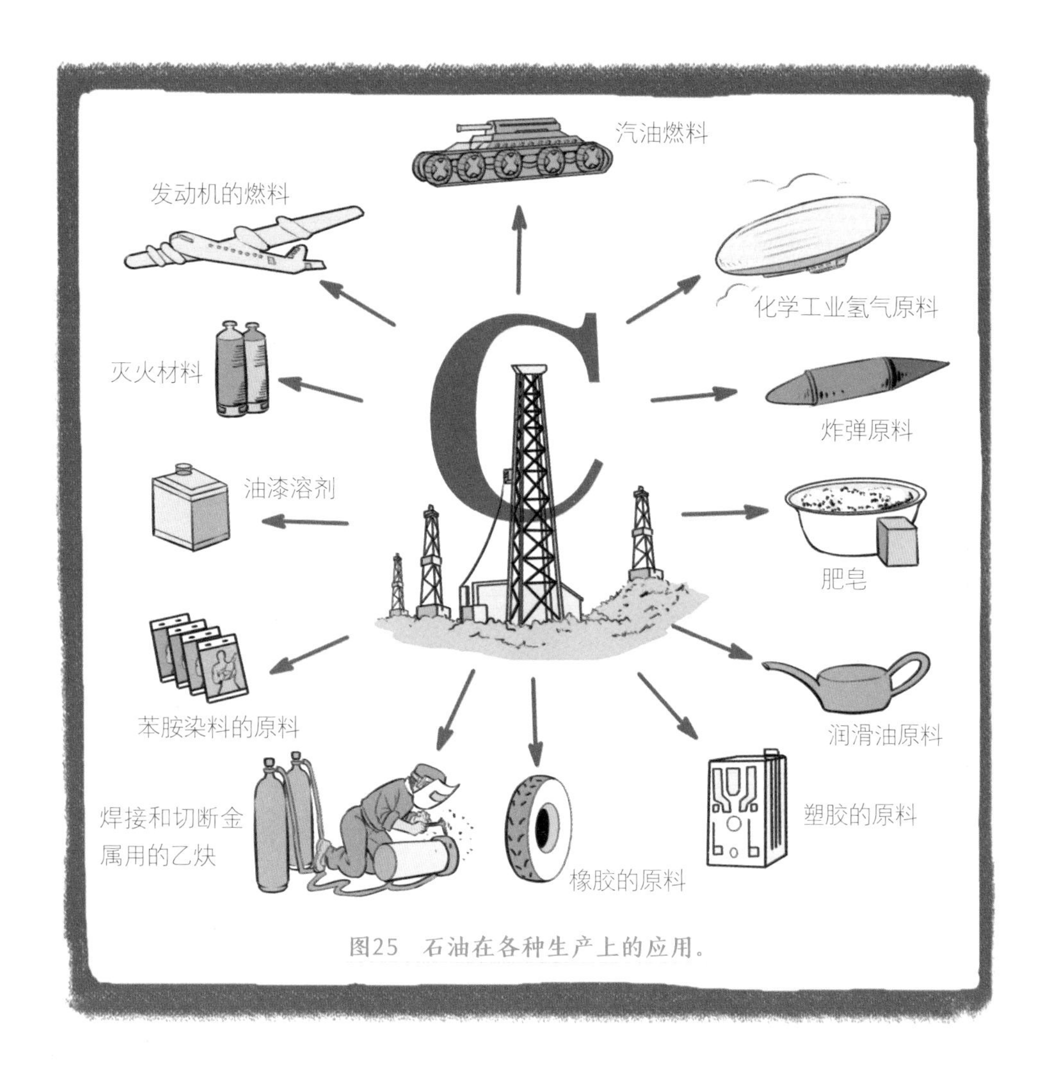

图25　石油在各种生产上的应用。

取出的这种珍贵液体便被称为“地球的黑血”。从地面上看，油井是一个复杂的建筑物，有三四十米高。油井架像森林一样矗立着，从远处看非常壮观。（图25）

人类为了自身的生存和发展，将这些碳元素从地底或海洋中开采出来，然后进行燃烧，使含碳的有机物变回二氧化碳和水。就这样，人与自然不断地进行着拉锯战。人使碳氧化，而自然又让二氧化碳还原。

◆ 金刚石与石墨

前面已经说过，纯净的碳除了以煤的方式存在，还有两种物质形式——金刚石与石墨。金刚石很昂贵，透明有光泽，而石墨却是灰色普通的东西，可以用来写字。就是这么两种看上去完全不同的东西却有相同的成分。它们的性质之所以完全不同，是因为晶体中碳原子的排列方式不同。

金刚石晶体中碳原子排列得非常紧凑，所以比重很大，硬度也比其他矿物的大。

除此之外，它的折光率也很高。熔化的岩石在30个大气压下才能结晶出金刚石，甚至有时候需要高达6万个大气压才行。这么大的压力只有在地下60～100千米的深处存在，这样的深度导致岩石很难钻出地面，所以这就是金刚石如此稀少的原因。

金刚石硬度大、折光率高，所以它的价值很高。雕琢过的金刚石就是钻石，因此金刚石在宝石中位列第一。自古以来，印度就以出产金刚石著名，那里的金刚石是从沙里采集出来的。之后，巴西（1727年）、非洲（1867年）和俄罗斯也陆续发现了产金刚石的沙地。

现在，非洲（图26）是全世界产金刚石

图26　非洲土著人正在开采金刚石。

最多的地方主要集中在奥兰治河右岸的支流瓦尔河流域。最初，人们是在瓦尔河河谷的沙地中开采金刚石，不久后发现离河很远的山坡上有一种蓝色黏土，这种黏土里也有金刚石。所以人们把目光转向了蓝色黏土，“金刚石狂热病”开始蔓延。很多人抢着购买一块块3米×3米的蓝色黏土区，导致那里的地价突然高涨好几百万倍。买到地的人把地面挖出巨大的深坑，从坑底到地面架设出很多线路，人们像蚂蚁似的忙碌着把开出来的珍贵黏土往上运，再从运出的黏土中采出金刚石。但是黏土层没那么厚，因此人们很快就将黏土挖尽了。

再往下是一种绿色的坚硬岩层——角砾云母橄榄岩。虽然这种岩石里也有金刚石，但是开采出来非常困难，代价很高。所以这些地主只能被迫停止开采。在停顿了一个时期后，拥有雄厚资本的股份公司采用竖坑作业法又开始了新一轮的开采。散落在角砾云母橄榄岩里的金刚石颗粒很小，重量不到100毫克，也就是小于半个克拉。但是有时也能开采到很大的颗粒。

在很长的一段时间里，世界上最大的一颗金刚石叫作“超级钻石”，它的重量有972克拉，合194克。直到1906年，出现了更大的金刚石，人们叫它“非洲之星”，重量达3106克拉，合621克。一般能超过10克拉的金刚石就已经很少见了，价格也非常昂贵。名贵的钻石重量是在40～200克拉（图27）。除

图27　钻石。

此之外，还有两种金刚石，分别是钻石屑和黑金刚石，它们的价值也很高，不过不是用于装饰物，而是在技术方面发挥作用，比如，制造电灯泡钨丝的车床，还有用来钻坚硬的岩层，都需要颗粒很大的金刚石。

含有金刚石的岩石一般埋藏在很深的地方，人们很难到达。火山爆发时，地下有岩浆流过的孔道，含金刚石的岩石便是在这种孔道里填充着。已知的地面上由于火山爆发形成的漏斗状火山口有15处，最大的直径长达350米，其余的宽度在30～100米。

再来说说石墨，石墨中碳原子是成层分布的，所以很容易分开。石墨不是透明的，泛着金属光泽，质地柔软，容易剥落成片，可以在纸上留下痕迹。石墨很难与氧气化合，哪怕是极高的温度也不行，所以石墨非常耐火。

石墨的生成有两种情况：一种是在生成火成岩时，由岩浆中冒出的二氧化碳分解后变成的；还有一种是由煤变成的。

著名的西伯利亚石墨矿床就属于第一种情况，位于西伯利亚的火成岩——霞石正长岩中有非常纯净的石墨晶体。

叶尼塞河流域的石墨矿层则属于第二种情况，是由煤变成的，纯度不是很高，含的灰分很多。

我们每天用铅笔写字，其实就是在和石墨打交道。制造铅笔芯时要把石墨与黏土混合在一起，黏土的用量决定了铅笔的软硬。硬铅中黏土多，软铅中黏土少。制好的铅笔芯嵌在木条里，再把木条胶合。开采出来的石墨，用于制造铅笔芯的只占5%。剩下大部分的石墨用来制造耐火坩埚、电炉里的电极和润滑大型机器里易磨损的零件。

钙——稳固的象征

◆ 宇宙中的钙

我记得有一次出去旅行，来到了新罗西斯克，这个城市附近有一个大型水泥工厂，因为制造水泥的主要原料是石灰岩和泥灰岩，所以工厂的技术人员希望我能给他们做一次关于石灰岩和泥灰岩的讲座。虽然我知道石灰和水泥的基础是各种各样的石灰岩，我也知道石灰一般是从距离新罗西斯克有1500千米远的瓦尔代丘陵订购，做成水泥后，则要走一个从新罗西斯克到黑海、爱琴海、地中海、大西洋、北冰洋的环状路线运送到需要它的地方。我知道石灰对日常生活和工业建筑的重要意义，但我从没研究过石灰岩，所以对其一无所知。

“那么请为我们讲一讲钙吧，”一位工程师说，他特别强调了所有石灰岩的基础就是金属钙，“请谈一谈，从地球化学的角度是如何看钙元素的，钙有什么样的性质，它在地球上的是怎样分布的，为什么钙会形成大理石的美丽花纹，并使石灰岩和泥灰岩显示出适用于工业的性质。”

于是，我为他们讲了一下钙原子在宇宙中的经历：

● 化学家告诉们，钙在元素周期表中占有特别的地位，它的原子序数是20。也就是说，钙原子的中心有一个原子核，核中有非常小的粒子——质子与中子，核外则有20个游离的电子。钙的原子量是40，在元素周期表中的位置是从左向右的第二列。

● 钙要与其他元素形成化合物需要失去两个电子，也就是说，钙的化合价是+2。钙原子的性质非常稳定，想要破坏一个由一个原子核和20个电子构成的稳固结构是很难的。随着天体物理学对宇宙构造的进一步研究，钙原子在宇宙中扮演的角色也渐渐显示出来。

日全食的时候，太阳周围镶着一个红色的环圈，上面跳动着鲜红的火舌，这种现象叫作日珥（图28）。大的日珥可以高于日面几十万千米，而日珥中有无数飞快移动的金属小颗粒，其中就有钙粒子。而且，在分散的星云中，贯穿着飞驰的轻元素原子，这其中也有钙。宇宙中存在一些小颗粒，它们在走过复杂的路途后，会在引力作用下朝地球飞去，它们就是陨石，陨石中也有钙。

图28　日珥。

地球上的钙

我们再把目光转回地球。

当熔融物质还在地球表面沸腾时，在重的蒸气逐渐分离形成大气层时，在水滴刚刚凝聚形成巨大海洋时，钙和镁早已是地球上非常重要的金属。

那时候的岩石，不管是在地面上的，还是凝结在地底深处的，都有钙和镁的存在。大洋的底部，特别是太平洋的海底，到现在还铺着玄武岩层，我们都知道玄武岩的主要成分是钙，而我们的大陆便是浮在这样的玄武岩上的，这个岩层就像薄薄的皮壳，盖在地下的熔融物上面。

根据地球化学家的计算，在地壳的成分重量表中，钙占3.63%、镁占2%。地球化学家认为，钙在地球上的分布规律与钙原子的稳定性是分不开的。地壳刚一成形，钙原子就开始了它们的曲折旅程。

远古时代，火山爆发喷出大量二氧化碳。那时的大气充满了水蒸气和二氧化碳，形成厚重的云层，包围在地球四周，破坏着地球表层，并且当时地面上的炽热物质也被卷入呼啸狂恶的风暴中，从这时起，钙原子的旅行史便翻开了最有趣的一章。

◆ 石灰质

钙和二氧化碳反应生成碳酸钙，碳酸钙会溶解在含二氧化碳的水中，随水移动。在水分减少后，碳酸钙又会沉淀出来，紧压胶结后形成岩石，这种岩石就是石灰岩。石灰岩下有灼热的物质翻滚着，好几千摄氏度的蒸气烧烫着石灰岩，把石灰岩变成了纯白的大理石山丘，纯白的山顶与纯洁的雪混成一片，难分彼此。

那时也有一些碳的化合物通过复杂的结合生成了最初的有机物。这些有机物是凝胶状的，有点像水母，后来结构越来越复杂，渐渐地拥有了新的性质——活细胞的性质。为了生存，为了进化，这些分子

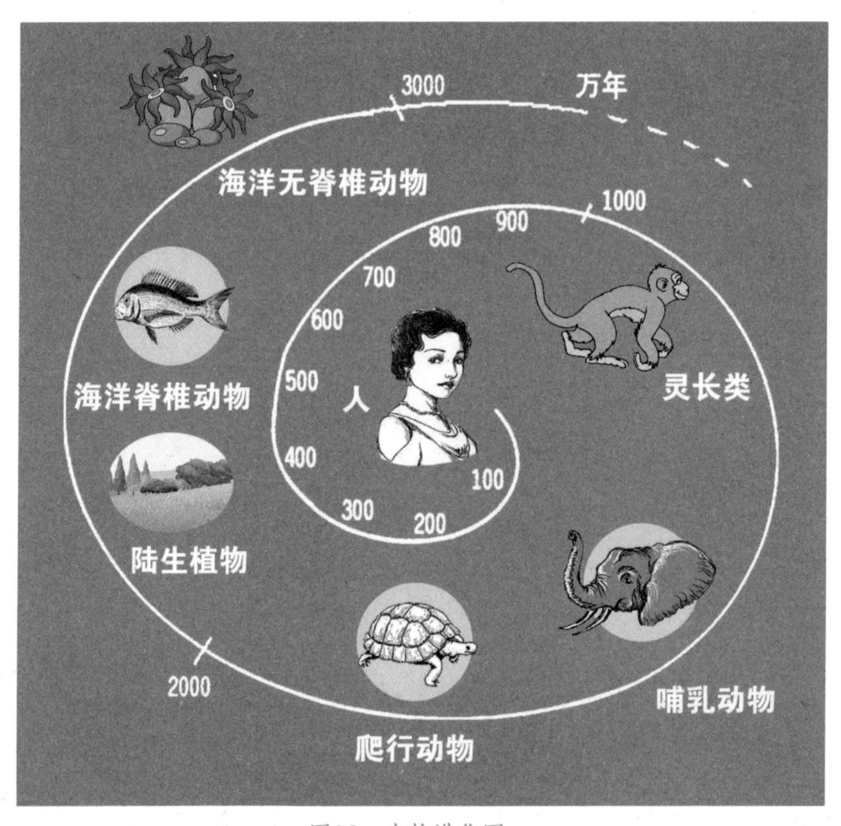

图29　生物进化图。

经过不断地试验淘汰，终于在地球上出现了生命的痕迹。先是海洋中的单细胞生物，然后是比较复杂的多细胞生物，就这样一步一步地，地球上终于有了人类（图29）。

每种生物都有自己的进化史，在面临恶劣的生存环境时，都会想方设法地让自己拥有某些可以保护自己的特质。比如，刚开始有些动物比较柔软脆弱，它们往往无法抵抗捕食者。

所以，为了提高生存率，经过千百年的进化，它们的软体要么穿上了一层盔甲似的皮壳，要么身体内部长出了坚硬的骨骼。

现在，我们已经研究出，各种软体动物、虾和一些单细胞生物，是用碳酸钙筑造外壳。而生活在地面上的动物的骨骼成分是磷酸盐，其中人类和某些大型动物用的是磷酸钙。不管是碳酸钙还是磷酸钙，起重要作用的都是钙。由此可看出，钙在构建生物体坚实性方面起了多么重要的作用。

写到这里，我突然想起了第一次去热那亚附近的内尔维沿岸时的情景。那时我还是一个青年，我站在岸边，盯着透明的海水，看到海里各式各样的贝壳、颜色各异的藻类、有着漂亮石灰质外壳的寄居蟹、石灰质的红色珊瑚，还有各种叫不上名的软体动物。

我沉浸在这个奇妙的世界中，同样是碳酸钙，但表现出来的样子却是千变万化。这些钙聚集在海底的贝壳和各种海洋动物的骨骼里，足足有几十万种形式。

这些动物体死亡后留下的遗骸堆成一座座的碳酸钙坟墓，它们便是新岩层的开端。

◆ 金属钙

水会将钙化合物溶解，钙离子在复杂的水溶液中重新开始旅行，有的留在水中形成钙含量很高的硬水；有的与硫反应化合成石膏；有的则结晶成奇形怪状的钟乳石（图30）和石笋，形成奇幻的石灰岩山洞。

最后，人类“捉住”了钙。人们不但会直接使用各种纯净的大理石，还学会了把石灰石放进石灰窑和水泥工厂的大炉子里煅烧，以便得到可当建筑材料的石灰和水泥。

而在化学家、冶金学家的试验下，人们不仅让石灰石里的钙与二氧化碳分开，还让钙和氧彻底分离，制出了纯粹的钙。这时，人们才看到金属钙真正的样子：

钙是有光泽、闪亮、柔软、有弹性的金属，可以在空气中燃烧。

人们真正利用的是钙原子易与氧气化合的性质。比如，工人们会把钙作为除氧剂加进熔融的铁里，防止氧气对炼铁产生干扰。就这样，钙刚刚变成金属，没闪亮多久，很快又变成复杂的含氧化合物。

这便是钙的循环旅行过程。要想找一个在地球上走过的路程更复杂，在地球生物诞生时起的作用更大，同时比钙在工业上的应用更广的元素，真的很不容易。

要想发现钙更多的秘密，我们还需要努力，相信在一代代科学家的奋斗下，我们对钙的利用会更有效、更全面！

图30　钟乳石。

钾——植物生命的基础

◆ 钾在地球上的含量

钾与钠同属于碱性金属元素，钾的原子序数是19，也就是说原子核外有19个电子，紧挨着原子核的第一个电子层排2个电子，第二和第三个电子层排8个电子，第四个电子层只有1个电子。所以，钾原子很容易失去1个电子形成稳定结构。比如，钾极易与1个卤族元素的原子化合成钾盐。也就是说，钾的化合价为+1价。

钾的性质如此活跃，所以它在地球上的历史与钠一样是非常复杂的。钾在地球上生成了100多种矿物，另外有好几百种矿物中也含有少量的钾元素。总的来说，钾在地壳中含量大约是2.5%。这个数据不算小，这正说明钾是地球的主要元素。

地质史中关于钾的这部分是很有趣的。人们对这部分历史已经研究得很清楚了，所以我会在接下来的篇幅中为大家详细讲一讲钾原子所经历的全部旅程。

◆ 钾在地球上的旅程

当地下深处熔融的岩浆凝结时，熔点低的颗粒分离出来的时间要长一些，钾就属于这一类。所以地下深处最初生成的晶体里没有钾，绿色橄榄岩那种深成岩中也几乎没有钾，连作为洋底的玄武岩中钾的

图31 花岗岩

含量也低于0.3%。那么钾在哪里呢？其实在熔融岩浆复杂的结晶过程中，比较活跃的原子一般集中在上层，所以碱性的钾和钠就在上层岩浆中，这些岩浆生成的岩石就是我们常说的花岗岩（图31）。

花岗岩在地表占的面积很大，它是漂在玄武岩上的大陆。

花岗岩在地壳深处凝结，钾在其中的含量大约是2%。花岗岩包括好多种矿物，钾主要是含在正长石中的，我们熟知的黑云母和白云母中也有钾。在某些地方钾元素更集中，生成了一种叫作白榴石的巨大白色矿物。意大利的白榴石很多，人们会开采这种矿石提取钾和铝。可见，地球上钾原子的“摇篮”便是花岗岩中的酸性熔岩。

我们知道，地球表面的酸性熔岩非常容易被水、二氧化碳或者植物根部分泌的酸腐蚀。如果你去过圣彼得堡近郊，那么你就会看见露头的花岗岩是多么容易受到破坏，花岗岩中的矿物在风化作用下失去光泽，慢慢地只留下由纯净石英砂堆成的沙丘。长石这种矿物也会受到破坏，地面上各种作用力会把长石里的钠原子和钾原子带走，只留下层纹状独特的骨架，这种复杂的物质叫作黏土。

从那时起，钾和钠这两个朋友便开始了自由的旅程。但是它们的路途是不一样的。钠是非常容易被水带走的，没有什么办法能把钠离子留在淤积的黏土和沉积物里。钠被江河带进大海，在海中变成氯化钠，也就是常见的食盐。但钾在海水中的含量很低，大部分的钾元素被土壤吸收，留在了淤泥、海洋盆地、池沼和河里的沉积物里。正因为吸收了钾元素，土壤才有了神奇的效力。

著名的俄国土壤学家格德罗伊茨是第一个探索出土壤的地球化学性质的人。他发现土壤中的某些颗粒会截留各种金属元素，特别是截留钾。所以，他指出，钾原子与肥沃的土壤之间有很强的联系。在土壤中的钾原子是那么微小，以至于植物的每个细胞都可以吸收它，而且植物在吸收了钾原子后就可以长出芽来。研究结果已经表明，钾、钠和钙都很容易被植物根系所吸收。

没有钾，植物便不能正常生长。钾能促进植株茎秆健壮，改善果实品质，增强植株抗寒能力，提高果实的糖分和维生素C的含量。钾元素供应不足时，碳水化合物代谢会受到干扰，光合作用被抑制，而呼吸作用加强。因此，缺钾时植株茎秆柔弱、易倒伏，抗寒性和抗旱性均差；叶片也会变黄，逐渐坏死。

不但植物需要钾，动物对钾的需求量也很大。钾在人体肌肉中的含量高于钠，尤其是在大脑、肝脏、心脏和肾脏中。钾不仅可以调节细胞内渗透压和体液的酸碱平衡，参与细胞内糖和蛋白质的代谢，还有助于维持神经健康，协助肌肉正常收缩。

钾的迁移路线不止一条。最主要的一条循环路线是从土壤开始的：植物根系从土壤中吸收钾，一部分钾帮助植物生长发育，而另一部分则作为食物进入动物机体，在动植物机体死亡后，随着有机物的分解，钾又回到土壤中变成腐殖土，这时候，新生的植物又可以再一次地从土壤中吸收钾了。大部分钾走的都是土壤路线，但也有少量钾原子来到海洋，与其他盐类一起构成海水盐分。在海水中钾开始了第二条循环路线。

当由于地壳运动导致大片海洋干涸时，当海洋分出浅海、湖泊、三

图32 沉淀在岸边的钾盐。

角港和海湾时，就会出现像黑海沿岸萨克、耶夫帕托里亚之类的盐湖。当气温很高时，湖水会大量蒸发，盐分就会沉淀出来，被海浪拍打到岸边。若湖泊干涸，则湖底就会铺满一层像发光白布似的盐（图32）。

析出盐分需要一定的过程：在湖底先结晶出来的是碳酸钙，其次是硫酸钙，然后是氯化钠，最后是含盐特别丰富的天然盐水。在这种盐水中钾盐和镁盐占的比例很大。若毒辣的阳光再把盐水晒干，那么原来白色盐层的表面便会析出白色和红色的钾盐——这便形成了钾矿床。

由于钾盐是人们非常需要的一种工业原料，所以到了这一步后，换成人类来指挥钾元素了。

对了，钾元素还有一个小小的但不该忽略的特质，那就是有一种具有放射性的钾同位素。正常钾原子的相对原子量为39，而放射性钾原子相对原子量则为40。这个同位素虽然放射性较弱，但是却能放出好几种射线，然后变成另一种元素的原子，新原子聚拢起来后就变成了钙原子。科学证明，由于钾40不稳定，在变成钙原子的过程中会放出大量的热，所以其在地球生命方面起着非常大的作用。据科学家推算，地球内部因原子衰变所放出的全部热量中钾占了至少20%。可见，钾40的衰变对地球热量的影响有多大！

这便是我们所知道的钾的历史。

铁和铁器时代

◆ 铁的开采和应用

铁不仅是自然界里最重要的元素，还是文化和工业的基础。它是冷兵器时代的主要武器，也是劳动的工具。翻开元素周期表，再也找不到像铁一样与人类的过去、现在和未来那么贴近的元素。

古罗马时期，有一位名叫普林尼的矿物学家曾经谈到过铁，后来的俄国矿物学家谢韦尔金翻译了他的话。

铁矿工人给人类带来了最优良也是最凶险的工具。有了这种工具，我们才能刨土栽树，耕耘果园，修理葡萄藤，让它每年能抽出新芽来。有了这种工具，我们才能盖房子，砸碎石块。我们生活中很多地方都要用到铁。

用这种铁，我们来进行战争和掠

夺，不但用在短兵相接，还用在远攻；有时候用枪打，有时候用手抛，有时候又用弓射。照我的看法，这是人类智慧最恶毒的一种表现。因为这是让铁带着翅膀出去夺命，所以这是人为的罪过，不能向自然界推诿责任（图33）。

早在公元前三四千年，人类就开始接触这种金属。从那时起，人类的历史其实就是为铁斗争的历史。

最开始的时候，人类是将捡到的陨石加工成铁制品，就像今天看到的墨西哥阿兹特克人、北美洲印第安人、格陵兰因纽特人所拥有的那种制品一样。因为陨石是从天上掉下来的，所以埃及人称其为“天石”。

阿拉伯人则重复埃及的古代传说，说天上的金雨落在阿拉伯沙漠上，金子就变成了银子，最后又变成黑色的铁——这是对那些想占有上天恩赐的人的惩罚。

因为从铁矿石中炼铁很难，并且天上掉下的陨石又很少，所以在很长一段时间里铁都得不到较大的使用。直到公元前1000年，人们学会了炼铁，人类文明史上的铁器时代才拉开帷幕。

各个国家像找金子似的找铁，但不论是中世纪的冶金学家，还是炼金术士，都没能真正掌握铁。

到了19世纪，铁才逐渐成为工业上的重要金属。随着冶金工业日渐发达，鼓风炉代替了手工作业的小规模熔铁炉，兴建了生产能力高达好几千吨的大型冶金工厂。

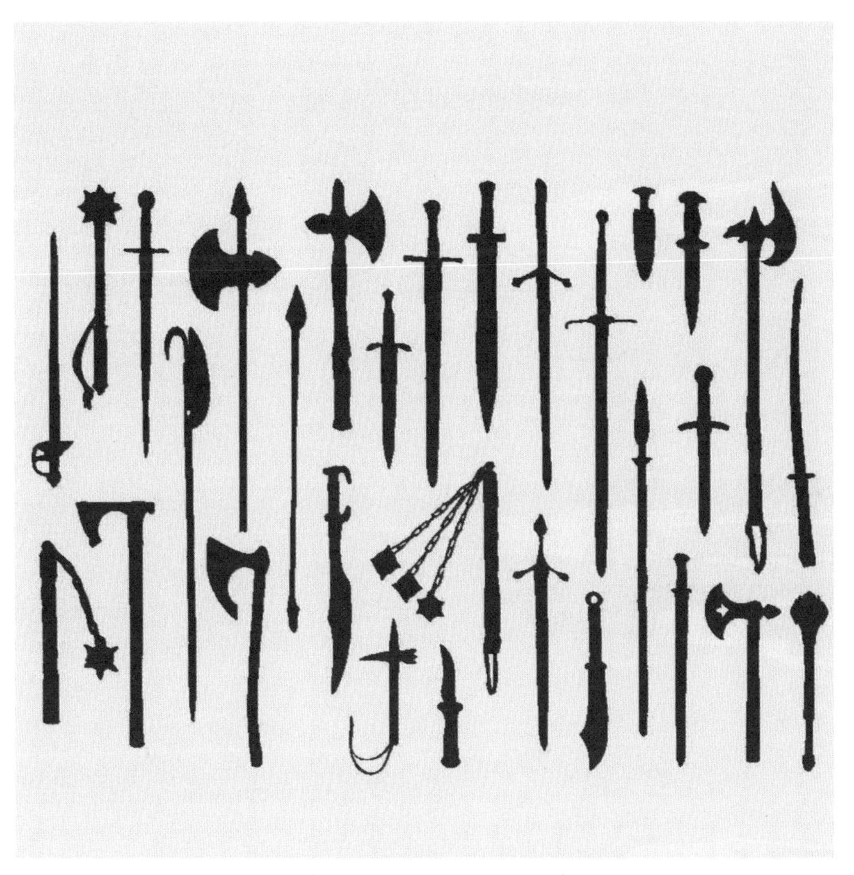

图33　各种由铁制成的工具和武器。

◆ 铁的特性

人们还发现了铁的一个特性，那就是它会从手里悄悄溜走。它不像金子，金子可以放在保险箱里保存，不会有重量损失。可铁没有金那么老实，我们都知道，铁是多么容易生锈，把一块潮湿的铁置于空气中很快就会长满锈斑。如果铁皮的房顶不涂油漆，那么一年左右就会出现一个一个的大窟窿。还有从地底挖掘出来的古代铁制武器，像枪、剑、盔甲等表面会变成红褐色。这些铁器之所以会变质，是因为铁会被空气中的氧气氧化。于是，人类就面临着防止铁被氧化的问题。

后来，人们想出了办法，不但包括前面所提到的在炼钢时加入某些稀有金属以制得合金，还想到了在铁表面涂各种涂料以隔绝氧气的方法。比如，在铁表面涂上一层锌或锡，把铁做成白铁或马口铁，或者在机器的要紧部分镀上铬和镍等。总之，人类从地球内部开采的铁越多，钢铁工业越发达，就越要注意防止铁生锈。

◆ 铁在宇宙中的旅程

铁是宇宙中最重要的元素之一。我们能在很多天体上看到铁的光谱线，它在炙热星体的大气里发光，在太阳表面飞驰。宇宙中的铁原子每年都会朝地球飞过来，这便是细微的宇宙尘和铁陨石。地球物理学家已经证明，地球中心其实是掺杂着镍的铁，而地壳是铁外面蒙上的一层玻璃似的矿渣。

地球化学家为我们揭开了铁的面纱。他们说，地壳本身就含有4.5%的铁。我们周围的所有金属中，只有铝比铁多。最初凝结的岩浆里包含了铁，这种岩浆凝结后是橄榄岩和玄武岩，它们在地下很深的地方，是最重和最开始凝成的岩石（硅镁层）。花岗岩（硅铝层）中含铁量比较少（图34）。

地球表面由于复杂的化学反应聚集了不少铁矿石。一部分铁矿石是在亚热带生成的，那里岩石中一切可溶于水的物质都会被水冲走，然后聚集起铁和铝的矿层。在俄国的北部地区，每年春天水位上涨，

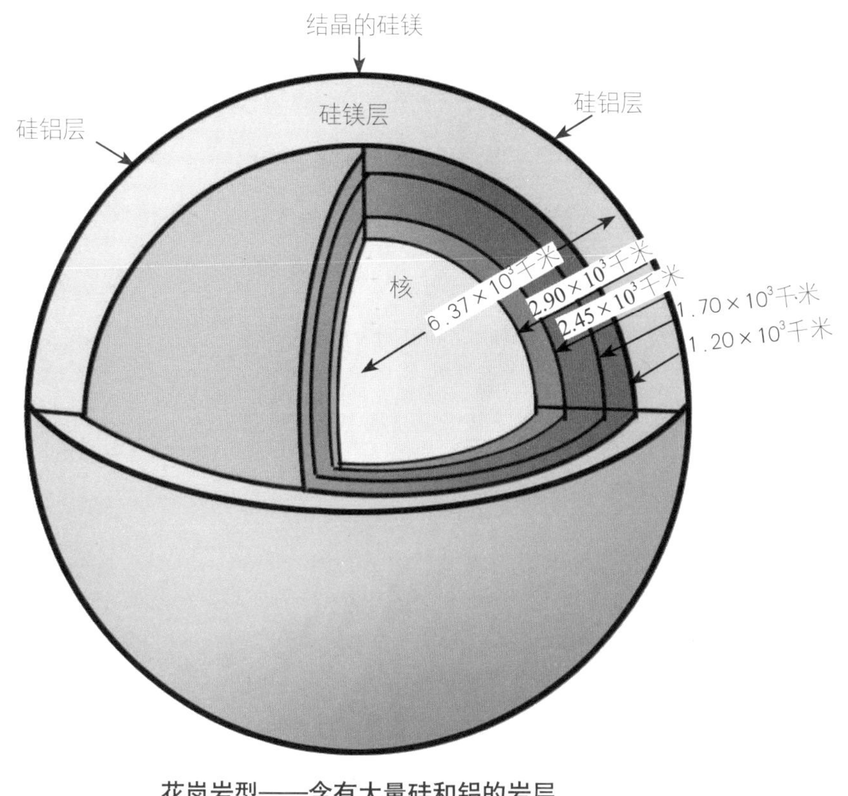

花岗岩型——含有大量硅和铝的岩层
玄武岩型——含有大量硅镁铁的岩层
地球中心——铁质的核

图34　地壳构造图示。

把岩石里大量的铁冲到湖沼中，而湖沼中有一种铁菌，在铁菌的作用下，铁聚集成了豌豆大小或是更大的铁块沉积下来。所以，这些铁块在湖沼和海水深处、在长期的地质年代中就形成了铁矿。刻赤大铁矿便是这样形成的。

铁的旅行不只在陆地上。虽然海水里含铁量极低，但在特别的情况下，海洋和浅水的海湾里也有铁的沉积物，甚至是整片的铁矿层，这类铁矿在古代海洋沉积物中常被发现。乌克兰罗普尔和阿亚地等地的铁矿就是这样形成的。

由于铁常存在于陆地和湖沼中，所以植物很容易找到并吸收这种元素，甚至如果没有铁元素，植物便无法存活。如果一盆花中没有铁，花朵很快会褪色，叶子也会发黄干枯。绿色植物是依靠叶绿素才能合成营养物质进行生长的，而铁是叶绿素的生成条件。动物进行呼吸作用需要红细胞中的血红蛋白来运输氧气分子，而血红蛋白中也有铁元素。

铁便是这样在地球上、在动植物体内完成它的旅程的。如果没有铁，便没有生命。

金——金属之王

◆ 金的传说

很可能是因为多年前某位先人看见河沙里有闪着金光的颗粒，从而发现了金。所以很早以前，金这种元素就已被人类熟知。

翻阅人类在发展史上使用黄金的记录，会找到很多值得注意、有教育含义的故事。从人类文明的起源到帝国主义战争，许多次战争覆盖整个大陆，各民族之间几代的斗争、犯罪和流血——这一切都和金有关系。斯堪的纳维亚的传说（齐格弗里德的故事就是其中之一）中，金子扮演着非常重要的角色。其中，尼伯龙根族的斗争目的就是从金子的魔力和统治中将世界解救出来。用莱茵河沉金打出来的戒指象征着罪恶，齐格弗里德为了让世界摆脱金子的统治，为了打败天国诸神，献出了自己宝贵的生命。

古希腊叙事诗中也有一段关于金的传说，这个传说记载的是阿尔戈船上的勇士到科尔基斯寻找金羊毛的故事。他们历经风浪洗礼来到黑海沿岸（即现在的格鲁吉亚）采集羊毛，那里的羊皮上盖着一层金砂，但这些羊属于恶龙，为了夺得羊毛，勇士们想尽办法终于打败恶龙，摘得胜利的果实。

古希腊神话和古埃及文献中，也能找到人们在地中海流域为争夺黄金挑起战争的记载。为建造著名的耶路撒冷教堂，所罗门王需要大量的黄金。为了获得黄金，他多次出征俄斐古城。历史学家为了考证

俄斐古城的位置费了不少力气，却还是没有定论。有人说它在尼罗河发源地，还有人说是在埃塞俄比亚。甚至有学者认为，“俄斐”这个词其实是“财富”和“黄金”的意思。

以前曾流传过蚂蚁采金的传说。印度有一族人住在沙漠里，这片沙漠中生活着一种蚂蚁，这种蚂蚁有狐狸那么大，它们会从地下深处搬出大量金子和沙子。这群印度人就会骑着骆驼来取这些黄金。学者们试图解释这个传说，却各有各的说法。

希罗多德认为这件事是真的，因为他发现在公元前25年斯特累波的著作中有类似的记载。而普林尼的看法略有不同。但是在中世纪，不论是欧洲的作家还是阿拉伯的作家，他们都没能讲清楚这个故事。所以到现在，这个传说还是没有定论，最可能的解释是说在梵文中“蚂蚁”和“金粒”同音，所以产生了这个传说。

俄罗斯南部有许多产自西蒂亚时代的精美金制品，那都是不知名的珠宝工人的杰作，他们最爱雕刻狂奔的野兽。现在，这些东西和那些来自西伯利亚的精致金制品一起陈列在圣彼得堡冬宫里的艾尔米塔什博物馆中。

在古代人的概念中，金有着很重要的地位。炼金术士用太阳记号代表金，那时候在斯拉夫文、德文、芬兰文里，金的字根里都有Г、З、О、Л四个字母，而在印度文和伊朗文里，这个字的字根则有

А、У、Р三个字母，因此拉丁文中“金”字是“Aurum”，这便是金的化学符号Au的来源。

◆ 人类淘金史

语言学专家之所以研究了这么多金的名称和其字根，真正的目的是想找出金的根源，确定古代世界哪些地方有金。比如，埃及象形文字中“金”字像一块头巾或一个木槽，暗示在古埃及时，人类是通过淘沙的方法取金的。埃及金来自沙子，在古埃及资料中金砂的位置有详细记录。

埃及西北部许多地区产金，在红海沿岸、尼罗河流域，古代黄岗岩崩塌下来的沙里，特别是柯塞尔地区都有金。除此以外，阿拉伯沙漠和努比亚沙漠里有古代产金的矿坑，表明在公元前两三千年时已有许多金矿存在了。

在之后的记载中，很多作家对金矿进行了较详细的描述，有的文献提到金与闪亮的白色岩石在一起，很明显那是石英矿脉，有的古代作家不认识石英矿脉，将其错认为大理石一类的东西。那时，人们已经知道金子所拥有的价值以及开采这种宝藏的方法了。

15世纪，哥伦布发现美洲新大陆，这一重要事件其实也是淘金史上浓墨重彩的一笔。西班牙人用武力从美洲掠夺了大量黄金，于是欧洲掀起了淘金热潮。

1719年起，人们在巴西沙地中发现了丰富的沙金。其他国家也勘探到金矿，“黄金热潮”开始。

18世纪中叶，俄国叶卡捷琳堡附近的石英矿里首次发现了金晶体。100年后的1848年，美国也有了重大发现：落基山脉往西到太平洋沿岸，有个叫约翰·苏特的人在当时还未开发的加利福尼亚地区发现了金矿，但这个人最后却因贫困而死。成群结队的淘金者套着牛车奔往加利福尼亚去寻求“新的幸运”。

不到50年，阿拉斯加半岛的克朗代克地区也发现了金矿，这块地是俄国政府用极便宜的价格贱卖给美国的。

从杰克·伦敦的小说中我们可以知道，在克朗代克，人们为了找到黄金费了不少力气，直到现在我们还能看到一些“黑蛇”的照片。

人们为了开拓道路，翻过雪山山顶，穿越北极空旷的山地。这条路上有着不间断的人流，他们怀着从山上带回黄金的希望，肩上担着淘金的工具去往未知的区域。

1887年，南非的约翰内斯堡第一次发现沙金。虽然发现沙金的是布尔人，但黄金并没有为他们带来幸福。英国人为了占领这个地方，几乎杀光了爱好自由的布尔人。约翰内斯堡的产金量在20世纪时占世界产金总量的一半还多。

人类寻求黄金的历史逐渐展开了。直到1940年，已开采出的黄金在5万吨以上，其中大约一半存储在银行中，银行中的金子价值超过100亿金卢布。技术上的进步使金产量越来越高，不但可以开采含金量丰富的金矿，还能开采那些含金量不是很高的贫矿。

最开始时，采金方法是简单的手工业方法，就是用勺子和盆冲洗。之后，改用“美国槽”冲洗，加利福尼亚金矿被发现后，这种“美国槽”就

风靡全世界了。再然后，是利用水力淘金，就是用强力水柱冲洗，然后用氰化物溶液溶解细小金屑。最后，人们又研究出从坚硬岩石中取金的方法，大型选矿厂取金就用的这种方法。

◆ 金在地球上的旅程

人们想方设法地积存黄金，把它锁起来存在国家银行牢固的保险库中，由军舰护送运输黄金的船。现在，也早已取消用黄金做的货币，因为它极易磨损。在过去几千年里，人们采得的黄金还不到地壳含金量的百万分之一。

人们为什么会如此看重金子，将其看成主要财富呢？那是因为，金有很多优良性质，金是“贵金属”，它的表面不会有变化，会一

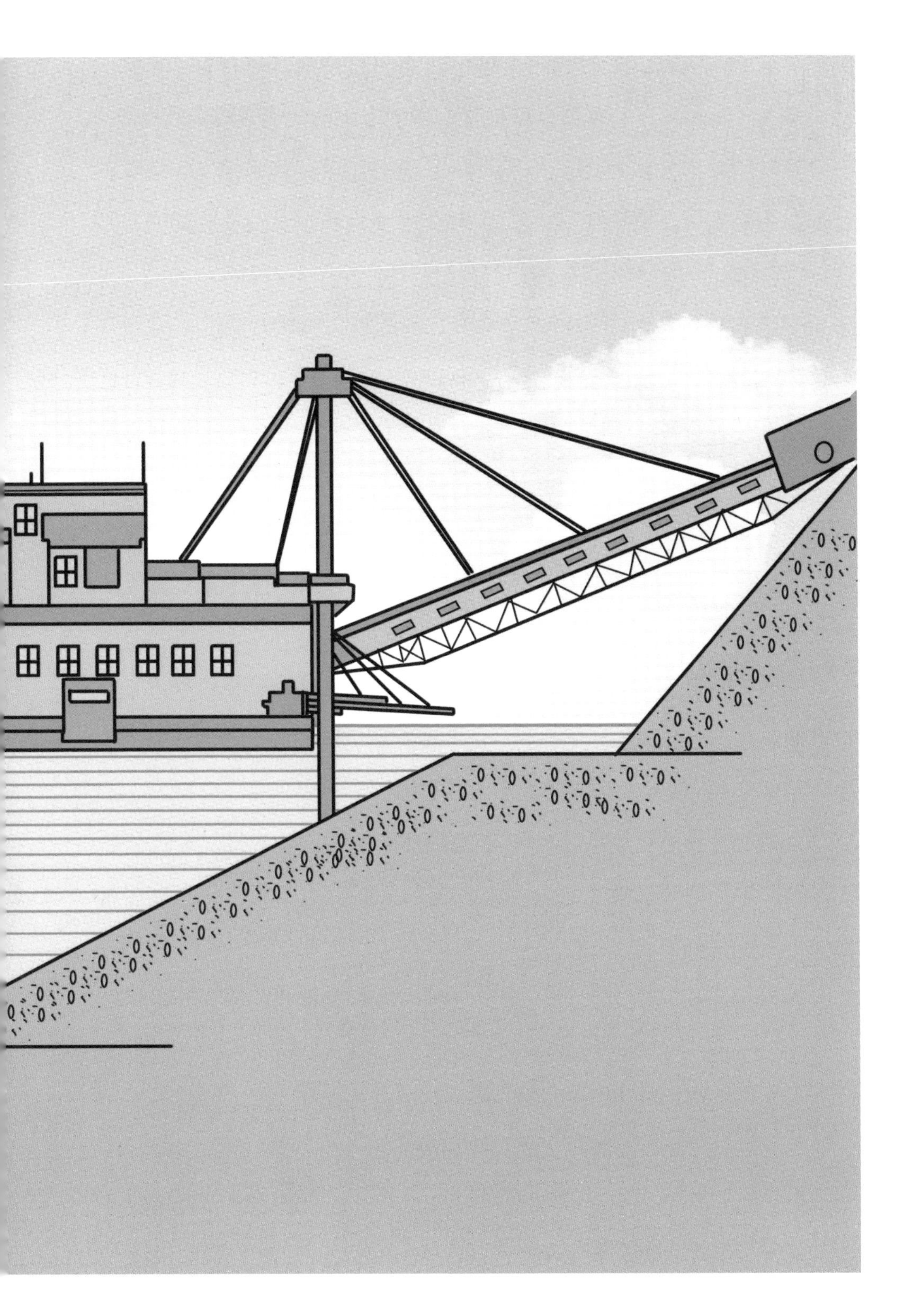

直保持着金属光泽，而且它不会溶于普通化学试剂，只有游离卤素，比如氯气、王水，还有少数少见且含剧毒的氰酸盐才能溶解金。

金的密度很大，为$19.3 \times 10^3 kg/m^3$，它与铂族金属是地壳中最重的元素。金的熔融温度是1064.18℃，但要想使金沸腾，则需要2808℃的高温。

金很柔软，延展性和韧性非常好，易锻造。哪怕10亿个其他金属原子中有一个金原子，化学家都能测出来。

金在地壳中的含量不算少，可它是分散着的。据化学家计算，地壳中金的平均含量大约占百亿分之五。银含量只比金多一倍，但银的价值却远远低于金。金在自然界中是随处可见的，太阳周围的灼热蒸气中有金，陨石和海水里也有金。据精确实验可知，海水含金量大约是十亿分之五。

金藏在花岗岩中，聚集在熔融花岗岩岩浆的最后一部分里，它会钻进灼热石英矿脉里，和硫化物，尤其是含铁、砷、锌、铅、银的硫化物，在150℃～200℃时一起结晶出来。

大量的金就这样生成了。等花岗岩和石英矿脉崩坏时，金就分散成沙金，由于金子密度大，它会在沙子的下层。地下的循环水溶液对金几乎没什么化学作用。

地质学家和化学家花费了很多时间、精力才研究清楚金在地球上的命运。

科学研究告诉我们，金在地球上是不断漂泊的。在机械作用下，金子会被研磨成细小的颗粒，然后被河流冲走。

金可以部分溶于水，特别是在南方含氯很多的河流中，金重新结晶，或跑进植物机体，或落到土壤中。由实验可知，金会被树根吸收到木质纤维里。比如，玉米粒里就含有金，还有几种煤的煤灰里也含有金。

由此可见，金在被人类提取出来之前，经历了非常复杂的过程。尽管人类用了2000多年的时间思考如何开采黄金，尽管有大型的炼金厂，我们对这种金属的全部历史其实还是存在盲区的。

我们只知道金子旅行史上的个别环节，却不能把这些环节连成整链。

山脉和花岗岩断崖受水侵蚀，金子随着水流进入海洋，之后呢？

在乌拉尔沿岸，彼尔姆海堆积了丰富的盐、石灰石和沥青沉积物，可海里的金去哪儿了？

地质学家和地球化学家们，许许多多的工作还等着你们去完成。西伯利亚好几百万平方千米的产金地区正是你们科学思想的操练场！

术语表

❶ **埃**：埃米，简称埃，是晶体学、原子物理、超显微结构等常用的长度单位，等于纳米的$\frac{1}{10}$。

❷ **留基波**：公元前500～前440，古希腊唯物主义哲学家，原子论的奠基人之一。

❸ **德谟克利特**：公元前460～前370，古希腊唯物主义哲学家，原子唯物论学说的创始人之一，率先提出原子论，认为万物是由原子构成的。留基波是他的导师。

❹ **约翰·道尔顿**：1766～1844，英国化学家、物理学家，近代原子理论的提出者。

❺ **赫拉克利特**：约公元前544～前483，古希腊哲学家，艾菲斯派的代表人物。他有一句非常著名的话："人不能两次走进同一条河流。"

❻ **赫尔岑**：1812～1870，俄国哲学家、作家、革命家，被称为"俄国社会主义之父"。

❼ **罗蒙诺索夫**：1711～1765，俄国百科全书式科学家、语言学家、哲学家和诗人。他提出了质量守恒定律的雏形，被誉为俄国科学史上的"彼得大帝"。

❽ **光年**：长度单位，是计量光在宇宙真空中沿直线传播一年时间的距离单位，一般被用于衡量天体间的时空距离。

⑨ 贝可勒尔：1852～1908，法国物理学家。因发现天然放射性，与居里夫妇在放射学方面的深入研究和杰出贡献，共同获得了1903年诺贝尔物理学奖。

⑩ 居里夫人：玛丽·居里，1867～1934，世称“居里夫人”，法国著名波兰裔科学家、物理学家、化学家。她的丈夫皮埃尔·居里也是一位著名的物理学家。1903年，居里夫妇和贝可勒尔由于对放射性的研究而共同获得诺贝尔物理学奖。1911年，居里夫人由于发现了元素钋和镭，获得诺贝尔化学奖，成为世界上第一个两次获诺贝尔奖的人。

⑪ 约里奥-居里：法国核物理学家夫妇约里奥·居里和他的夫人伊雷娜·约里奥-居里。1932年，他们发现一种穿透性很强的辐射，后确定为中子；1934年，发现人工放射性物质，并对裂变现象进行研究；1935年，共获诺贝尔化学奖。伊雷娜·约里奥-居里是皮埃尔和玛丽·居里的女儿。这对夫妇为纪念居里这一伟大的姓氏，采取了双姓合一的方式。

⑫ 卡：卡路里，简称卡，能量单位。在1个标准大气压下，将1克水提升1℃所需要的热量。

⑬ 卢瑟福：1871～1937，英国著名物理学家，被称为“原子核物理学之父”，是继法拉第之后最伟大的实验物理学家。

编 后 语

“趣味化学（少儿彩绘版）”是一部适合儿童阅读的化学科普书。本书共分为2个分册，分别为《揭秘化学实验》《漫游元素世界》，内容选自法国博物学家法布尔和俄国地球化学家费尔斯曼的经典作品《趣味化学》和《趣味地球化学》。在书中，两位大师将带领小读者领略微观化学世界中奇妙的原子和分子、生活中常见的元素；认识宏观化学世界中各种各样的化学变化。通过对化学元素和化学实验详细的讲解，小读者会发现“万物皆化学”，化学就存在于我们的生活中。希望这套书，能够培养孩子勤思考、善观察、爱动手的学习习惯，激发孩子学习化学的兴趣，走进奇妙的化学世界。

由于作者写作年代的限制，本书还存在一定的局限性。比如，作者在写作此书时，科学研究远没有现在严谨，对于化学元素的结论和现在差距较大；有些地方使用了旧制单位。而且，随着科学的发展，书中的很多数据，比如，地壳中各元素的含量都已经有了很大的改变。我们在保持原汁原味的基础上，进行了必要的处理。此外，在编辑这套书时，我们根据小读者的阅读能力和理解能力，增加了大量彩色手绘插图和人文、历史知识版块，培养小读者的全科学习思维，让他们保持对科学的好奇心和探索精神，从此爱上化学。

在编写本套书的过程中，我们虽尽了最大的努力，仍难免有不当之处。欢迎小读者在阅读过程中提出宝贵的意见和建议，帮助我们更好地完善。

图书在版编目（CIP）数据

趣味化学 ：少儿彩绘版. 漫游元素世界 /（俄罗斯）亚历山大·叶夫根尼耶维奇·费尔斯曼著 ；张泽仙译. -- 北京 ：中国妇女出版社，2021.1
ISBN 978-7-5127-1905-7

Ⅰ.①趣… Ⅱ.①亚… ②张… Ⅲ.①化学－少儿读物 Ⅳ.①O6-49

中国版本图书馆CIP数据核字（2020）第182537号

趣味化学（少儿彩绘版）——漫游元素世界

作　　者：〔俄罗斯〕亚历山大·叶夫根尼耶维奇·费尔斯曼 著　张泽仙 译
责任编辑：应　莹　张　于
封面设计：尚世视觉
插图绘制：黄如驹（乌鸦）
责任印制：王卫东
出版发行：中国妇女出版社
地　　址：北京市东城区史家胡同甲24号　　邮政编码：100010
电　　话：（010）65133160（发行部）　　65133161（邮购）
网　　址：www.womenbooks.cn
法律顾问：北京市道可特律师事务所
经　　销：各地新华书店
印　　刷：天津翔远印刷有限公司
开　　本：170×240　1/16
印　　张：13.75
字　　数：165千字
版　　次：2021年1月第1版
印　　次：2021年1月第1次
书　　号：ISBN 978-7-5127-1905-7
定　　价：118.00元（全二册）